Folgende Druckschriften

sind bis jetzt vom Schweizerischen Verein von Dampfkessel-Besitzern Zürich herausgegeben worden und können von dieser Stelle bezogen werden:

*) Im Verlag von Julius Springer, Berlin W 9 erschienen.

Ueber den Spannungszustand einseitig aufgebrachter Laschen im Bau von Zellstoffkochern

von **E. Höhn**

Oberingenieur des Schweizerischen Vereins
von Dampfkessel-Besitzern

in **Zürich**

Mit 58 Abbildungen im Text und 14 Zahlentafeln

Springer-Verlag Berlin Heidelberg GmbH 1931

ISBN 978-3-662-40513-0

ISBN 978-3-662-40990-9 (eBook)

DOI 10.1007/978-3-662-40990-9

Inhaltsverzeichnis.

I. Durch Nietung hergestellte Kocherschalen.

1. Veranlassung.

Es ist beim Bau von Zellstoffkochern gebräuchlich, die Laschen nur außen auf das Blech zu nieten. Die Besitzer solcher Kocher wünschen, daß die Kocherwand im Innern glatt bleibt, damit die Steine, die die innere Auskleidung bilden, so wenig als möglich angeschnitten werden, was beim Vorhandensein innerer Laschen nötig würde Für angespitzte Steine besteht die Gefahr der Rißbildung. Durch die Risse dringt die säurehaltige Lauge aus dem Kocherinnern bis zur eisernen Kocherwand, wo sie Abfressungen schlimmster Art verursacht. Die Wand kann örtlich durchgefressen werden, die Lauge kann auch in verzweigten Gängen, ähnlich denjenigen von Maulwürfen, weiterfressen; Abb. 1 ist ein Beispiel hiefür[1]). Derartige Ausfressungen könnnen gefährlich werden.

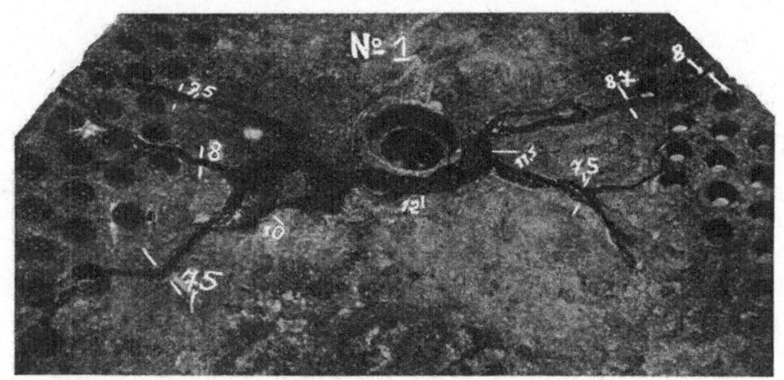

Abb. 1. Angefressene Platte eines Zellstoffkochers.

Werden die Laschen, die die Bleche der Kocherschale zusammenhalten, nur außen aufgebracht, so entstehen wegen Unsymmetrie der Verbindung Biegungsspannungen in Blechen und Laschen. Die nachfolgende Arbeit soll den Spannungszustand einseitig durch Laschen verbundener Bleche klar stellen. Im Hinblick auf die Explosionen von Zellstoffkochern, die die Statistik verzeichnet, rechtfertigen sich Mühe und Kosten.

2. Art der Versuche.

Der einfachste Weg zum Ziel besteht darin, für die Untersuchung des Spannungszustandes Probestäbe zu verwenden. Der Spannungszustand ist zwar einachsig, bei der Wand des unter Innendruck stehenden Zellstoffkochers dreiachsig, oder unter Vernachlässigung der einen senkrecht zur Zylinderwand stehenden Hauptspannung noch zweiachsig; diese Vernachlässigung ist statthaft und allgemein üblich. Die Spannungsverhältnisse sind folgende:

Es ist
$$\epsilon_1 = \frac{\sigma_1 - \nu\,\sigma_2}{E} \qquad \epsilon_2 = \frac{\sigma_2 - \nu\,\sigma_1}{E} \tag{1}$$

worin σ_1 die Spannung im Blech in der Richtung der Meridiantangente, σ_2 die Spannung im Blech in der Richtung der Ringtangente bedeutet. ϵ_1 und ϵ_2 sind die den zusammengesetzten Spannungen entsprechenden Dehnungen. Die aus diesen Dehnungen festgestellten Spannungen $\epsilon\,E = \sigma_{red}$ werden reduzierte Spannungen genannt.

Überschlägig besteht für die Zylinderwand das Verhältnis
$$\sigma_1 = \sigma_2/2 \tag{2}$$

Mit $\nu = 1/m = 0{,}3$ ist die red. Spannung
$$\epsilon_2 E = \sigma_2 - 0{,}15\,\sigma_2 = 0{,}85\,\sigma_2 \qquad \epsilon_1 E = \sigma_1 - 0{,}6\,\sigma_1 = 0{,}2\,\sigma_2 \tag{3}$$

In Ringrichtung, derjenigen der grössten Kraftwirkung, verursacht die Hauptspannung σ_2 eine Dehnung von $0{,}85\,\sigma_2 : E$, also 85 % derjenigen, die am Stab feststellbar ist, in Meridianrichtung 20 % der nämlichen Dehnung.

Die Probestäbe für die Versuche sind in den spätern Abbildungen dargestellt. Wir unterscheiden drei Gruppen:

I.	1 A	Gewöhnliche Lasche ohne Fenster, ohne Kehlnähte, Abb. 4, S. 18,
	1 B	Gewöhnl. Lasche mit Fenstern, ohne Kehlnähte, Abb. 5,
	2 A	Gewöhnl. Lasche ohne Fenster, mit Kehlnähten, Abb. 6,
	2 B	Gewöhnl. Lasche mit Fenstern, mit Kehlnähten, Abb. 7,
II.	3 A	Lasche mit Stufe, sonst wie 1, Abb. 16,
	3 B	Lasche mit Stufe, sonst wie 1, Abb. 17,
	4 A	Lasche mit Stufe, sonst wie 2, Abb. 18,
	4 B	Lasche mit Stufe, sonst wie 2, Abb. 19,
III.	5 A	Gezackte Lasche, sonst wie 1, Abb. 22,
	5 B	Gezackte Lasche, sonst wie 1, Abb. 23,
	6 A	Gezackte Lasche, sonst wie 2, Abb. 24,
	6 B	Gezackte Lasche, sonst wie 2, Abb. 25.

Die Gruppen I und III stellen bekannte Laschentypen dar, Gruppe II verkörpert einen Vorschlag des Verfassers. Die Lasche ist am Rand stufenförmig abgesetzt, in der Absicht, das Biegungsmoment im Blech beim Laschenrand zu vermindern.

Innerhalb jeder Gruppe sind die Laschen eines Paars am Rand geschweißt, im Hinblick auf die Gepflogenheit, genietete Laschen gegen das Auftreten von Undichtheiten am Rand zu schweißen. Man schweißt heute nicht nur bei Ausbesserungen, sondern auch bei Neukonstruktionen, um sich die Stemmarbeit zu ersparen. Die Stäbe A jeder Gruppe zeigen gewöhnliche Ausführung, diejenigen B sind mit Meßfenstern versehen, Laschen und Blechhälften. Die Fenster erlauben das Durchstecken der Dehnungsmesser, so daß der Spannungszustand auch in den gegenseitigen Berührungsflächen festgestellt werden kann.

Die Messungen waren zeitraubend und kostspielig[2]). Die Kosten gingen zu Lasten des Schweizerischen Vereins von Dampfkessel-Besitzern. Die Stäbe sind kostenlos von der Firma Gebr. Sulzer A. G. Winterthur angefertigt worden, welcher wir hiefür verbunden sind.

Die Versuche wurden in drei Stufen durchgeführt:
1. im elastischen Bereich; die Ergebnisse sind in den Abb. 4—9 und 16—25 dargestellt.
2. nach der Überschreitung der Elastizitätsgrenze. Man vergleiche die Belastungs-Dehnungsdiagramme (Abb. 26, 27, 31, 32).
3. bis zum Bruch der Stäbe. Einige deformierte Stäbe sind in Abb. 28 und 29 dargestellt.

Die unter 1 angegebenen Messungen zerfallen in zwei Gruppen; a) diejenigen senkrecht zur Oberfläche (Breitseite, obere und untere) von Blechen und Laschen, b) diejenigen senkrecht zu den Längsprofilebenen. Die Bilder der letztgenannten sind hinsichtlich der Aufschrift mit einem Strich gekennzeichnet, z. B. A'. Die Messungen im Profil geben einen guten Überblick über den Verlauf der Biegungsspannungen.

3. Die Messungen im elastischen Bereich.

Die Stäbe wurden durch ideelle Schnitte zerteilt und die durch Messung ermittelten Spannungen über der betreffenden Basis aufgetragen. Die Meßstelle ist jeweils durch einen kurzen dicken Strich angedeutet. Die Schnitte sind römisch bezeichnet. Die Maßstäbe sind in den Abbildungen angegeben (die Abb. 4 u. f. sind Verkleinerungen im Maßstab 1/5 von den betr. Zeichnungen, die Maßstäbe sind also 5 mal kleiner als angeschrieben).

Die Spannung ermittelt sich aus der gemessenen Dehnung gemäß dem Elastizitätsgesetz $\sigma = \epsilon E$, wobei $\epsilon = \triangle l : l$. Die Länge l ist der Schneidenabstand der Dehnungsmesser (rd. 20 mm, in besondern Fällen 10 mm), und $\triangle l$ die Verlängerung dieses Abstandes nach dem Aufbringen der Last. $\triangle l$ wird durch ein Hebelwerk auf einen Zeiger übertragen. Dieser bewegt sich über einer Skala, so daß Längenänderungen der Größenordnung $^1/_{1000}$ mm mit Sicherheit erfaßt werden können.

Die Zugspannungen sind in den Abbildungen vom Stab oder der Lasche aus nach der Luftseite hin abgetragen, die Druckspannungen nach der Materialseite. Die Zugspannungen werden als positiv bewertet und sind in den Spannungsflächen durchgehend schraffiert, die Druckspannungen, die als negativ gelten, sind durch punktierte Schraffur gekennzeichnet. Die Schraffur für die laschenseitigen Zugspannungen an den Stäben ist weitgehalten, diejenige für die außenseitigen Spannungen eng, was für die Lage der Spannungsflächen am Stab kennzeichnend ist. Jede Messung wurde mehrere Male wiederholt; die in den Spannungsplänen angegebenen Zahlen sind Mittelwerte.

Die später benützten Bezeichnungen sind:

F_S Querschnitt des Stabes (Bleches),

F_L Querschnitt der Lasche,

P, Q Belastung des Stabes, Bruchbelastung,

σ_S und σ_L durch Messung ermittelte Spannung im Blech und an der Lasche,

σ'_S und σ'_L durch Rechnung ermittelte Spannungen, $\sigma'_S = \dfrac{P}{F_S}$, $\sigma'_L = \dfrac{P}{F_L}$

σ_b bzw. σ'_b durch Messung festgestellte bzw. gerechnete Biegungsspannung,

σ_z „ σ_d Zug- bzw. Druckspannung, allgemein.

Die Stäbe und Laschen erleiden auf der ganzen Länge Biegungsspannungen, ausgenommen sind die Umkehrstellen der elastischen Linien. Für die Ermittelung der Biegungsspannungen aus den gemessenen Spannungen stützt man sich auf altbekannte Gesetze der Elastizität. Die Gesamtspannung σ wird durch den arithmetischen

Ausdruck $\sigma_z \pm \sigma_b$ dargestellt. Die aussen, z. B. am Stab, gemessene Spannung sei σ_a, die laschenseitige σ_u, beide können positiv oder negativ sein.

Erster Fall. Beide Spannungen haben das nämliche Vorzeichen (vgl. Abb. 2), dann ist

$$\sigma_u = \sigma_z + \sigma_b \quad \text{und} \quad \sigma_a = \sigma_z - \sigma_b$$

woraus

$$\sigma_z = \frac{\sigma_a + \sigma_u}{2}$$

Zweiter Fall. σ_a ist negativ ($-\sigma_a$ Druck) und σ_u positiv (σ_u Zug), (Abb. 3). Beide Spannungen sind durch Messung bekannt. Dann ist

$$-\sigma_a = \sigma_z - \sigma_b$$
$$\sigma_u = \sigma_z + \sigma_b$$

woraus

$$\sigma_b = \frac{\sigma_a + \sigma_u}{2} \qquad \sigma_z = \sigma_u - \sigma_b$$

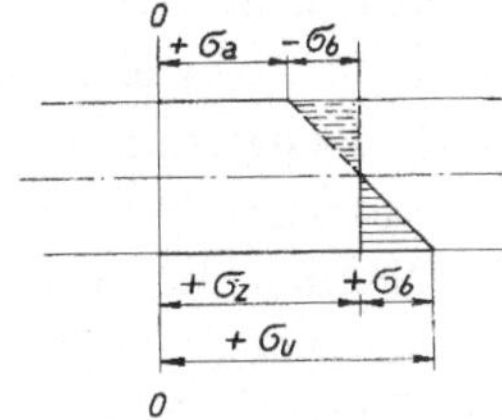

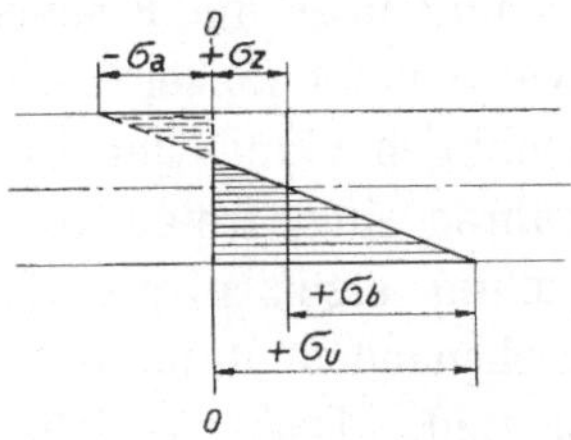

Abb. 2. Spannungsverlauf mit $\sigma_b < \sigma_z$

Abb. 3. Spannungsverlauf mit $\sigma_b > \sigma_z$

Dritter Fall. Von den Spannungen σ_a und σ_u ist nur die eine bekannt, z. B. σ_a, die Vorzeichen seien die nämlichen wie bei Fall 2 (Abb. 3). Wir haben dann zwei Gleichungen mit drei Unbekannten, setzt man für σ_z die aus der Rechnung bekannte Größe σ'_S bzw. σ'_L ein, so folgen die Unbekannten σ_b und σ_u aus

$$\sigma_b = \sigma'_S + \sigma_a$$
$$\sigma_u = \sigma_S + \sigma_b$$

Vierter Fall. Die Biegungsspannung σ'_b muß durch die Rechnung bestimmt werden, zum Vergleich mit dem durch Messungen festgehaltenen Wert σ_b. In der bekannten Gleichung $\sigma_b = M : W$ ist $M = P \cdot h$. Als Hebelarm h nehmen wir

$$h = \frac{s_S + s_L}{2}$$

d. h. die halbe Summe aus Blech und Laschendicke. Wir kommen im Kapitel 7 (Seite 49) hierauf zurück.

Die Belastung ist in den Plänen mit $^1/_4$ bis 6 t angegeben (bei 1 A mit $^1/_4$ bis 15 t). Das ist so zu verstehen, daß die Dehnungsmesser auf die Stäbe aufgesetzt werden, wenn diese mit $^1/_4$ t belastet sind, dann wird der Rest von 5,750 t bis zur Totallast von 6 t aufgegeben. Für die Bewertung der Dehnungen bzw. Spannungen von Blech und Laschen ist bloß der Rest maßgebend.

Eine Kontrolle über die Zuverlässigkeit der Messungen läßt sich für die Teile von Stab und Laschen durchführen, die die Belastung für sich allein aufnehmen. Die Abweichungen von den gerechneten Spannungen haben verschiedene Ursachen, zur Hauptsache liegen sie in der unregelmäßigen Beschaffenheit der Probestäbe, in den Verbiegungen und Veränderungen im Querschnitt, wenn sie auch nur gering sind. Bei Vernietungen sind die Spannungen überhaupt unregelmäßig über die Flächen verteilt. Aus dem Grund konnten Einzelwerte nicht immer berücksichtigt werden. Abweichungen, die auf unrichtigen Gang der Instrumente und Beobachtungsfehler zurückzuführen sind, treten vor den vorgenannten zurück.

Wichtig erschien die Kenntnis der Spannungen im Blech an den Laschenenden, d. h. in den Schnitten, die mit II und VIII bezeichnet sind. Das nämliche gilt für die Laschen hinsichtlich des Schnittes V, d. h. der Symmetrieebene. In den spätern Tafeln sind zur Hauptsache die Ergebnisse für die genannten Schnitte berücksichtigt.

Stäbe 1 A und 1 B

(Abb. 4 und 5, S. 18 und 19), gewöhnliche Parallellaschen, mit 5 Nieten an jede Blechhälfte befestigt, Nieten und Blechränder nicht gestemmt. Beim Stab 1 B sind Bleche und Laschen mit Meßfenstern versehen.

Belastung $^1/_4 - 15$ t für 1 A, $^1/_4 - 6$ t für 1 B.

1 A. Stabbreite 14,04 cm, Blechdicke $s_s = 1,01$ cm, Laschendicke $s_L = 1,43$ cm.

$$F_s = 14,20 \text{ cm}^2 \qquad \sigma'_s = \frac{14750}{14,20} = 1038 \text{ kg/cm}^2 \text{ (red. 405 kg/cm}^2)$$

$$F_L = 20,1 \text{ cm}^2 \qquad \sigma'_L = \frac{14750}{20,1} = 734 \text{ kg/cm}^2 \text{ (red. 286 kg/cm}^2)$$

1 B. $\quad F_s = 14{,}02 \cdot 1{,}09 = 15{,}28$ cm² $\qquad \sigma'_s = \dfrac{5750}{15{,}28} = 376$ kg/cm²

$\quad F_L = 14{,}02 \cdot 1{,}50 = 21{,}02$ cm² $\qquad \sigma'_L = \dfrac{5750}{21{,}02} = 274$ kg/cm²

Nietdurchmesser 1,7 cm. Gesamter Nietquerschnitt 11,35 cm².

Bei Stab 1 A ist die Belastung aus Versehen von $^1/_4$ auf 15 t gesteigert worden, so daß die Streckgrenze an einigen Stellen überschritten worden ist, die wahren Werte sind in der Abb. 4 angegeben. Die Versuchsergebnisse sind aber noch brauchbar. Um die Werte mit denjenigen der Stäbe die mit $^1/_4 - 6$ t belastet wurden, vergleichen zu können, haben wir sie auf das Verhältnis 5750 : 14750 reduziert, diese Werte sind eingeklammert angegeben.

Der Längsschnitt b bildet die Symmetrieebene von Stab 1 A. Auf der obern Seite (hinsichtlich der Abbildung) steht für einen Schnitt jeweils nur 1 Spannungswert zur Verfügung, derjenige bei a, auf der untern Seite der Symmetrielinie sind es jeweils 3 Werte, bei c, d und e. Für die Bildung der Mittelwerte ist jeweils ein Wert von den letztern gestrichen worden, um für den Mittelwert nicht zu sehr die untere Stabhälfte zu bevorzugen.

Erstes Beispiel. Hinsichtlich des Schnittes II ergibt folgende Rechnung den Mittelwert:

Laschenseite . 1945   1800   1795   1808 Mittel 1837
Blechseite . . 378   338   318   318 Mittel 338

$$\sigma_s = \frac{1837 + 338}{2} = 1088 \text{ kg/cm}^2 \text{ (reduziert 424)}$$

$$\sigma_b = 1837 - 1088 = + 749 \text{ kg/cm}^2 \text{ (reduziert 292)}$$
$$338 - 1088 = - 750 \text{ kg/cm}^2 \text{ (reduziert 292)}$$

Zweites Beispiel. Die Spannungen der Lasche, Schnitt V, sind außen $-2280 - 1623 - 1856 - 2270$ Mittel $= -2007$ Zugspannung, gerechnet $\qquad \sigma'_L = \quad 734$

$\sigma_b = \sigma_a + \sigma'_L = \qquad\qquad$ 2741 (1069) kg/cm²
$\sigma_{L\,max} = 2741 + 734 = \qquad\qquad$ 3475 (1355) kg/cm²

Wir haben bei diesem Beispiel die betr. Methode vorgezogen, weil die benützten Werte unter der Streckgrenze liegen. Wie oben bemerkt, ist 1 A der einzige Stab, der gleich bei der ersten Prüfung verstreckt wurde. Die Ergebnisse sind in Tafel I zusammengestellt.

Tafel I.

Spannungen der Stäbe 1 A und 1 B.

(Die eingeklammerten Werte sind im Verhältnis 5,75 : 14,75 aus den ursprünglichen vermindert.)

Belastung für 1 A $^1/_4$—15 t, für 1 B $^1/_4$—6 t.

		Bleche				Laschen		1 A	1 B
		1 A		1 B					
Schnitte		II	VIII	II	VIII			V	V
σ_S	kg/cm²	(424)	(391)	353	341	σ_L	kg cm²	—	—
σ_S'	„		(405)		376	σ_L'	„	286	274
$\pm\,\sigma_b$	„	(293)	(302)	120	25	$\pm\,\sigma_b$	„	1069	1227
						$\pm\,\sigma_b'$	„	1470	1416
$\sigma_S + \sigma_b$	„		(705)		419	$\sigma_L' + \sigma_b$	„	1355	1501

Nietbeanspruchung bei A_1 1320 kg/cm², bei B_1 530 kg/cm².

Man beachte, daß die gemessenen Werte (σ_S) verhältnismäßig wenig von den gerechneten (σ_S') abweichen, ausgenommen die durch Messung festgestellten Werte σ_b. Wir werden später darauf zurückkommen. Die Höchstspannungen $\sigma_S + \sigma_b$ sind als Mittelwerte für die Ebenen II und VIII angegeben.

Profilmessungen im Längsprofil 1 B'. Der Spannungsverlauf in den Stabhälften und der Lasche ist aus den Profilmessungen 1 B' dargestellt in Abb. 8 ersichtlich. Die Biegungsspannungen von gleichliegenden Fasern wechseln zwischen den Schnitten III und IV einerseits, VII und VIIIa anderseits das Vorzeichen, die elastische Linie des Stabes hat dort Umkehrstellen. Die bei Profilmessungen erhaltenen Spannungen lassen sich zahlenmäßig nicht verwerten, weil es nicht diejenigen der äußersten Fasern sind (zur Anbringung der Spannungsmesser mußte man eine ziemlich breite Stelle am Rand benützen).

Stäbe 2 A und 2 B,

die nämlichen wie 1 A und 1 B jedoch mit Kehlnähten an den Laschenrändern (Abb. 6 und 7, S. 20 und 21).

Die Querschnitts- und Spannungsverhältnisse sind die folgenden:

2 A. Stab $\quad F_S = 14{,}03 \cdot 1{,}06 = 14{,}88$ cm² $\qquad \sigma_S' = 386$ kg/cm²

Lasche $F_L = 14{,}03 \cdot 1{,}50 = 21{,}04$ cm² $\qquad \sigma_L' = 273$ kg/cm²

2 B. $\qquad F_S = 14{,}04 \cdot 1{,}00 = 14{,}04 \ \text{cm}^2 \qquad \sigma'_S = 410 \ \text{kg/cm}^2$

$\qquad\qquad\qquad F_L = 14{,}04 \cdot 1{,}46 = 20{,}5 \ \ \text{cm}^2 \qquad \sigma'_L = 280 \ \text{kg/cm}^2$

Belastung $^1/_4$—6 t.

Tafel II.
Spannungen der Stäbe 2 A und 2 B.

	Bleche					Laschen	
	2 A		2 B			2 A	2 B
Schnitte	II	VIII	II	VIII		V	V
σ_S kg/cm²	390	366	435	407	σ_L kg/cm²	343	271
σ'_S „		386		410	σ'_L „	273	280
$\pm\,\sigma_b$ „	265	569	811	465	$\pm\,\sigma_b$ „	1042	1036
					$\pm\,\sigma'_b$ „	1402	1416
$\sigma_S + \sigma_b$ „		795		1059	$\sigma_L + \sigma_b$ „	1385	1307

Die gemessenen Spannungen σ_S stimmen gut mit den gerechneten σ'_S überein, das ist auch bei den spätern Tafeln der Fall. Die Höchstspannungen $\sigma_S + \sigma_b$ sind als Mittelwerte für die Ebenen II und VIII angegeben.

Gegenüber den Stäben 1 A und 1 B fällt das Ansteigen der Biegungsspannungen in den Meßebenen II und VIII auf. Der Vergleich zwischen den Abb. 4 und 6, 5 und 7 zeigt das Ansteigen der Spannungen in den Blechen bei den Laschenrändern wegen der Wirkung der Kehlnähte. Uebereinstimmend mit frühern Ergebnissen sind die durch Messung in der Mittelebene (V) festgestellten Biegungsspannungen $(\pm\,\sigma_b)$ der Laschen erheblich geringer als die gerechneten $(\pm\,\sigma'_b)$.

Profilmessung 2 A′, Belastung $^1/_4$—6 t (Abb. 9) läßt erkennen, daß die elastische Linie der linken Blechhälfte zwei, der rechten eine Inflexionsstelle aufweist. Wir wollen uns weiter nicht mit der Inflexionsstelle, die zwischen den Schnitten I und II liegt, befassen, obwohl sich bei den meisten übrigen Stäben die nämliche Erscheinung zeigt. Wichtig sind dagegen die Inflexionsstellen zwischen Schnitten II a und II b einerseits und VIII b und VIII a anderseits. Sie sind symmetrisch verteilt und liegen dicht bei den Schweißnähten. Diese üben eine verbiegende Wirkung auf das Blech aus, das hat sich auch bei den später untersuchten Stäben gezeigt. Die Verformung kommt im verstreckten Zustand des Stabes ebenfalls zum Vorschein, man vergleiche die Abb. 29 des nämlichen Stabes 2 A.

Wir müssen diese Erscheinung etwas genauer untersuchen und betrachten zunächst den Verlauf der elastischen Linie der Lasche. Die Kraftübertragung durch die Nieten, die die Drehmomente M_1, M_2, M_3 erzeugen, ist in der Abb. 10 schematisch dargestellt. Der Größe nach sind diese Momente verschieden, weil ja die Nieten jeder Reihe verschiedene Kräfte übertragen. Die elastische Linie setzt sich gemäß Abb. 11 aus drei Zweigen zusammen, 0—3, 3—2, 2—1. Das mit der Lasche zusammengenietete Blech muß sich annähernd wie jene verformen.

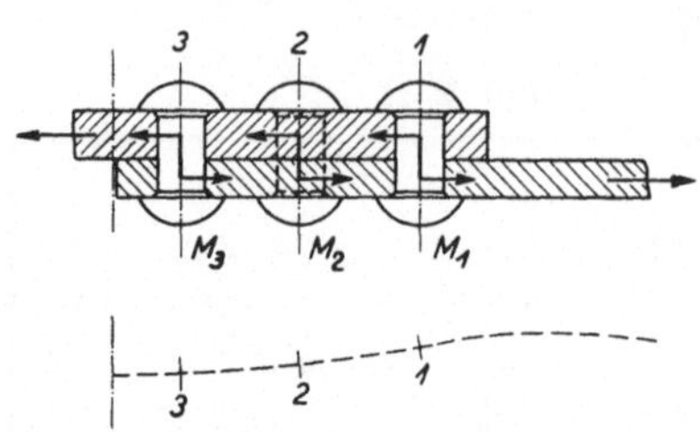

Abb. 10. Kraftübertragung durch Nieten an die Lasche, schematisch.

Abb. 11. Elastische Linie des Stabes.

Die Stelle 1 (Abb. 11) des Blechs muß eine Inflexionsstelle sein, weil das heraustretende Ende durch den Zug, hervorgebracht durch die Last, umgebogen wird. Diese Betrachtungen sind durch die Verteilung der Biegungsspannungen bei Stab 1 B′, Abb. 8, bestätigt.

Bei den Stäben mit geschweißten Laschenrändern verlaufen die elastischen Linien ähnlich, die Inflexionsstellen sind noch viel schärfer ausgeprägt, was auf die Wirkung der Schweißnähte zurückzuführen ist. Eine elektrisch geschweißte Naht zeigt die Erscheinung geschmolzenen Metalls; dieses zieht sich beim Erstarren zusammen. Die Kehlnähte haben im allgemeinen Dreieckform, wie in der Skizze (Abb. 12) dargestellt. Nach der Kontraktion nimmt die Naht die

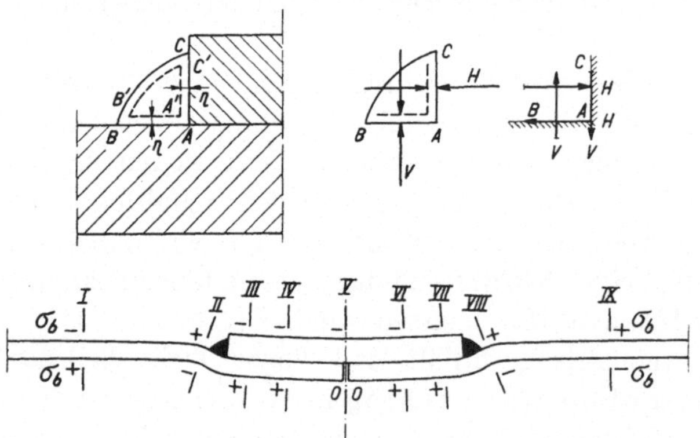

Abb. 12. Kehlnaht im Schnitt.

Abb. 13. Kräfte, an der Kehlnaht angreifend.

Abb. 14. Kräftepaare, an der Kehlnaht angreifend.

Abb. 15. Verformung des Stabes 2 A.

Gestalt an, die durch gestrichelte Linien angedeutet ist, am Rand erreicht der Rückzug den Wert η. Dabei ist zu beachten, daß die Naht nur hinsichtlich des Bogens BC (Abb. 12) frei zurückweichen kann, die Seiten $A'B'$ und $A'C'$ bleiben durch Kohäsion mit AB und AC vereinigt. Folgende Wechselwirkung tritt ein: $A'C'$ vereinigt sich mit AC, infolgedessen bewegt sich $B'A'$ in der Richtung von BA. $A'B'$ vereinigt sich mit AB, demnach wird $C'A'$ in der Richtung von CA verschoben. Die Kohäsionskräfte H und V (Abb. 13) greifen im Schwerpunkt ihrer zugehörigen Flächen an, die zugehörigen Schubkräfte fallen mit der betr. Basis zusammen (vgl. Abb. 14). Kohäsions- und Schubkräfte setzen sich zu zwei Kräftepaaren zusammen. Hinsichtlich des Blechs der Basis AB — darauf kommt es an — haben beide Kräftepaare (mit den Kräften H und V) den nämlichen Drehsinn, summieren sich somit (Abb. 14). Das resultierende Biegungsmoment ist so stark, das Blech bei der Basis AB zu verbiegen. Für die Richtigkeit dieser Betrachtung spricht der Zustand sämtlicher Stäbe 2, 4 und 6 im elastischen und plastischen Bereich. Derjenige von $2A'$ ist in Abb. 15, (S. 12) gezeigt, er steht mit Abb. 9 (S. 23), im Einklang (elastischer Bereich), in Abb. 15 ist die Verformung verzerrt angedeutet. Die Vorzeichen der Biegungsspannungen sind in den verschiedenen Schnitten angegeben. Man vergleiche die Biegungsmessungen bei $1B'$ (Abb. 8), mit denjenigen von $2A'$ (Abb. 9), um festzustellen, daß die Inflexionsstellen der elastischen Linie sich bei Stab $2A'$ bis zu den Kehlnähten angenähert haben. Die elastische Linie wird zu einer durch die Theorie nicht mehr zu überblickenden Wellenlinie.

Der Zustand im plastischen Bereich ist durch Abb. 29 erfaßt und entspricht demjenigen der hinsichtlich des elastischen Bereichs feststellbar ist. — Die

Stäbe 3A und 3B

(Abb. 16 und 17, S. 24 und 25) sind die ersten der Gruppe II, d. h. derjenigen, bei denen die Laschen am Rand abgestuft sind zum Zweck, den Übergang zum Blech auszugleichen, die Biegungsspannungen im Blech zu vermindern. Stab 3B ist mit Meßfenstern in den Blechhälften, beide Stäbe mit wenigen Fenstern in den Laschen versehen. Die Vernietung ist die nämliche wie früher, keine Kehlnähte. Die Querschnitts- und Spannungsverhältnisse sind die folgenden:

3 A. $F_S = 14{,}08 \cdot 1{,}07 = 15{,}06$ cm² $\qquad\qquad \sigma'_S = 381$ kg/cm²

$F_L = 14{,}08 \cdot 1{,}50 = 21{,}12$ cm² $\qquad\qquad \sigma'_L = 272$ kg/cm²

3 B. $F_S = 14{,}06 \cdot 1{,}03 = 14{,}48$ cm² $\qquad\qquad \sigma'_S = 397$ kg/cm²

$F_L = 14{,}06 \cdot 1{,}50 = 21{,}1$ cm² $\qquad\qquad \sigma'_L = 272$ kg/cm²

Die Dicke des Absatzes der Lasche ist 7,2 mm.

Nietquerschnitt wie früher 11,35 cm², mittlere Schubspannung 530 kg/cm².

Belastung $^1/_4$—6 t.

Tafel III.

Spannungen der Stäbe 3 A und 3 B.

		Bleche						Lasche	
		3 A		3 B				3 A	3 B
Schnitte		II	VIII	II	VIII			V	V
σ_S	kg/cm²	377	393	342	392	σ_L	kg/cm²	236	—
σ'_S	„		381		397	σ'_L	„	272	272
$\pm\,\sigma_b$	„	61	114	107	20	$\pm\,\sigma_b$	„	1284	1372
						$\pm\,\sigma'_b$	„	1400	1374
$\sigma_S + \sigma_b$	„		472		430	$\sigma_L + \sigma_b$	„	1520	—
						$\sigma'_L + \sigma_b$	„	—	1644

Es zeigt sich, daß der Zweck, die Biegungsspannungen im Blech bei den Laschenrändern zu vermindern, durch die Abstufung derselben erfüllt ist, wenigstens sind die Biegungsspannungen in den Schnitten II und VIII (die bei allen Stäben gleich liegen), geringer, als bei den früher betrachteten Stäben (1 A und 1 B). Die durch Messung ermittelten Biegungsspannungen (σ_b) der Laschen in der Mittelebene sind geringer als die gerechneten (σ'_b), analog den frühern Ergebnissen.

Die Profilmessung 3 A′ des Stabes 3 A (Abb. 20) zeigt, daß der Spannungszustand in den Blechhälften und der Lasche infolge des Kräfteüberganges sich praktisch nicht von demjenigen bei 1 B′ unterscheidet. Die elastische Linie hat Inflexionsstellen wie früher, sie liegen aber nicht bei den Rändern der Laschen.

Die Stäbe

4 A und 4 B

(Abb. 18 und 19, S. 26 und 27), sind die nämlichen wie 3 A und 3 B, jedoch sind die Laschenränder mit den Blechen festgeschweißt.

Belastung $^1/_4$—6 t. Querschnitte und Spannungen:

4 A. $F_S = 14{,}05 \cdot 1{,}02 = 14{,}32$ cm^2 $\quad \sigma'_S = 401$ kg/cm^2
$F_L = 14{,}05 \cdot 1{,}50 = 21{,}08$ cm^2 $\quad \sigma'_L = 273$ kg/cm^2

4 B. $F_S = 14{,}04 \cdot 1{,}06 = 14{,}88$ cm^2 $\quad \sigma'_S = 386$ kg/cm^2
$F_L = 14{,}04 \cdot 1{,}50 = 21{,}06$ cm^2 $\quad \sigma'_L = 273$ kg/cm^2

Nietquerschnitt 11,3 cm^2, Schubspannung wegen der Wirkung der Schweißnähte unbekannt.

Tafel IV.

Spannungen der Stäbe 4 A und 4 B.

| | | Bleche | | | | | | Lasche | |
| | | 4 A | | 4 B | | | | 4 A | 4 B |
Schnitte		II	VIII	II	VIII			V	V
σ_S	kg/cm^2	443	410	374	361	σ_L	kg/cm^2	348	456
σ'_S	„		401		386	σ'_L	„	273	273
$\pm\,\sigma_b$	„	678	542	658	574	$\pm\,\sigma_b$	„	1044	1179
						$\pm\,\sigma'_b$	„	1375	1418
$\sigma_S + \sigma_b$	„		1036		983	$\sigma_L + \sigma_b$	„	1392	1635

Hinsichtlich der Bleche stimmen die durch Messung festgestellten Spannungen ziemlich mit den gerechneten (σ'_S) überein.

Die Biegungsspannungen der Bleche sind gegenüber 3 A und 3 B bedeutend gestiegen, sie erinnern an diejenigen bei 2 A und 2 B.

Die durch Messung festgestellten Biegungsspannungen (σ_b) in der Mittelebene der Laschen sind wie bei frühern Stäben geringer als die gerechneten (σ'_b). Die

Profilmessungen 4 A′, Belastung $^1/_4$—6 at (Abb. 21), zeigen, daß infolge der Wirkung der Schweißnaht starke Biegungsspannungen im Blech auftreten; man beachte den Spannungsverlauf in der (horizontalen) Meßebene cc und vergleiche denselben mit cc von 3 A′ (Abb. 20), wo der Verlauf gleichförmiger ist.

Die elastische Linie weist sowohl bei der linken als der rechten Blechhälfte je drei Inflexionsstellen auf.

Stäbe 5A und 5B

(Abb. 22 und 23, S. 30 und 31), mit gezackten Laschen, ohne Kehlnähte. Die Lasche ist mit je 6 Nieten an die Blechhälften angenietet. Lochdurchmesser 18 mm, Nietdurchmesser 17 mm. Bei 5 B sind die Bleche und teilweise auch die Laschen mit Meßfenstern versehen.

Belastung $^1/_4$—6 t. Querschnitte und Spannungen:

$$5\,\text{A.}\quad F_S = 14{,}03 \cdot 1{,}05 = 14{,}75 \text{ cm}^2 \qquad \sigma_S' = 390 \text{ kg/cm}^2$$
$$F_L = 14{,}03 \cdot 1{,}53 = 21{,}32 \text{ cm}^2 \qquad \sigma_L' = 270 \text{ kg/cm}^2$$
$$5\,\text{B.}\quad F_S = 14{,}03 \cdot 1{,}02 = 14{,}31 \text{ cm}^2 \qquad \sigma_S' = 402 \text{ kg/cm}^2$$
$$F_L = 14{,}03 \cdot 1{,}61 = 22{,}60 \text{ cm}^2 \qquad \sigma_L' = 255 \text{ kg/cm}^2$$

Nietquerschnitt einer Blechhäfte 13,6 cm², mittlere Schubspannung 441 kg/cm².

Tafel V.
Spannung der Stäbe 5A und 5B.

	Bleche								Laschen		5 A	5 B
	5 A				5 B						V	V
Schnitte	II	III	VII	VIII	II	III	VII	VIII				
σ_S kg/cm²	375	366	368	399	407	381	408	419	σ_L kg/cm²		—	—
σ_S' ,,		390				402			σ_L' ,,		270	255
$\pm\sigma_b$,,	58	78	69	5	85	55	58	58	$\pm\sigma_b$,,		1256	1108
									$\pm\sigma_b'$,,		1370	1242
$\max\sigma_S$,,	390			417	421			401				
$\max\pm\sigma_b$,,	74			33	83			93				
$\sigma_S + \sigma_b$		418				484			$\sigma_L' + \sigma_b$		1526	1363

Die Gesamtwerte $\sigma_S + \sigma_b$ sind hinsichlich der Schnitte II und VIII zusammengefaßt.

Die Biegungsspannungen der Bleche in den Ebenen II, III und VII, VIII, sind gering. Die mit $\max \sigma_S$ und $\max \pm \sigma_b$ gekennzeichneten Spannungen sind diejenigen des Bleches, bei der Zacke. Es sind, wie die Spannungsflächen für die Ebenen II und VIII zeigen, die höchsten des betreffenden Schnittes. Die durch Messung ermittelten Biegungsspannungen ($\pm \sigma_b$) der Laschen in den Mittelebenen (V) sind in Uebereinstimmung mit frühern Feststellungen geringer als die gerechneten. Einige Messungen im Profil sind unten in den Abbildungen dargestellt, das Ergebnis ist das übliche.

Stäbe 6A und 6B

(Abb. 24 und 25, S. 32 und 33) nämliche Ausführung wie bei den Stäben 5, die Laschen sind jedoch am Rand mit den Blechen elektrisch verschweißt. 6 B ist mit Meßfenstern versehen.

Belastung $^1/_4$—6 t. Querschnitte und Spannungen:

$$6\,A. \quad F_S = 14{,}02 \cdot 1{,}04 = 14{,}6 \ cm^2 \qquad \sigma'_S = 394\ kg/cm^2$$
$$F_L = 14{,}02 \cdot 1{,}51 = 21{,}18\ cm^2 \qquad \sigma'_L = 271\ kg/cm^2$$

$$6\,B. \quad F_S = 14{,}03 \cdot 1{,}03 = 14{,}45\ cm^2 \qquad \sigma'_S = 398\ kg/cm^2$$
$$F_L = 14{,}03 \cdot 1{,}51 = 21{,}19\ cm^2 \qquad \sigma'_L = 271\ kg/cm^2$$

Nietquerschnitt wie früher 13,6 cm². Schubspannung wegen des Vorhandenseins der Kehlnähte unbekannt.

Tafel VI.
Spannungen der Stäbe 6 A und 6 B.

		Bleche									Laschen		
		6 A				6 B						6 A	6 B
Schnitte		II	III	VII	VIII	II	III	VII	VIII			V	V
σ_S kg/cm²		397	374	343	408	429	329	358	397	σ_L kg/cm²		331	—
σ'_S „			394				398			σ'_L „		271	271
$\pm\,\sigma_b$ „		486	2	34	549	479	23	27	291	$\pm\,\sigma_b$ „		931	900
										$\pm\,\sigma'_b$ „		1347	1370
$\max \sigma_b$ „		405			474	493			495				
$\max \pm\,\sigma_b$ „		519			646	547			390				
$\sigma_S + \sigma_b$ „			920				798			$\sigma_L + \sigma_b$ „		1262	—
										$\sigma'_L + \sigma_b$ „		—	1171

Die gemessenen Werte σ_S stimmen gut mit den gerechneten σ'_S überein. Die Gesamtspannungen $\sigma_S + \sigma_b$ sind hinsichtlich der Schnitte II und VIII zusammengefaßt.

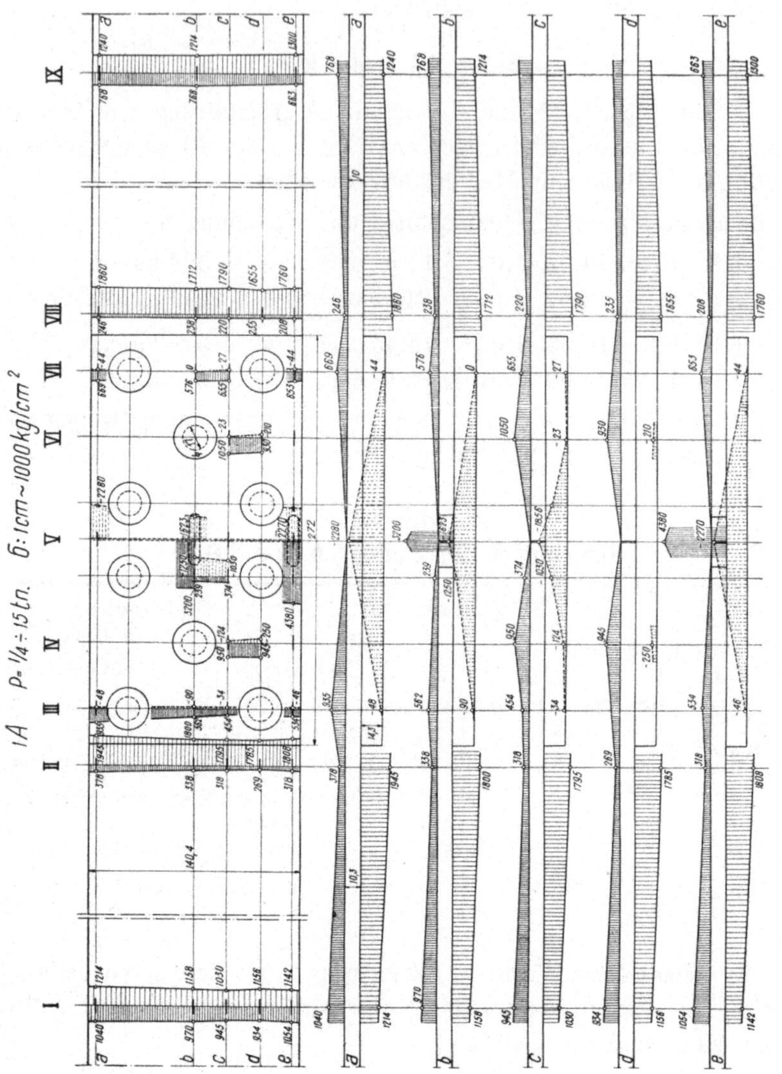

Abb. 4. Stab 1 A, Gruppe I. Gewöhnliche Lasche, ohne Fenster, ohne Kehlnähte.

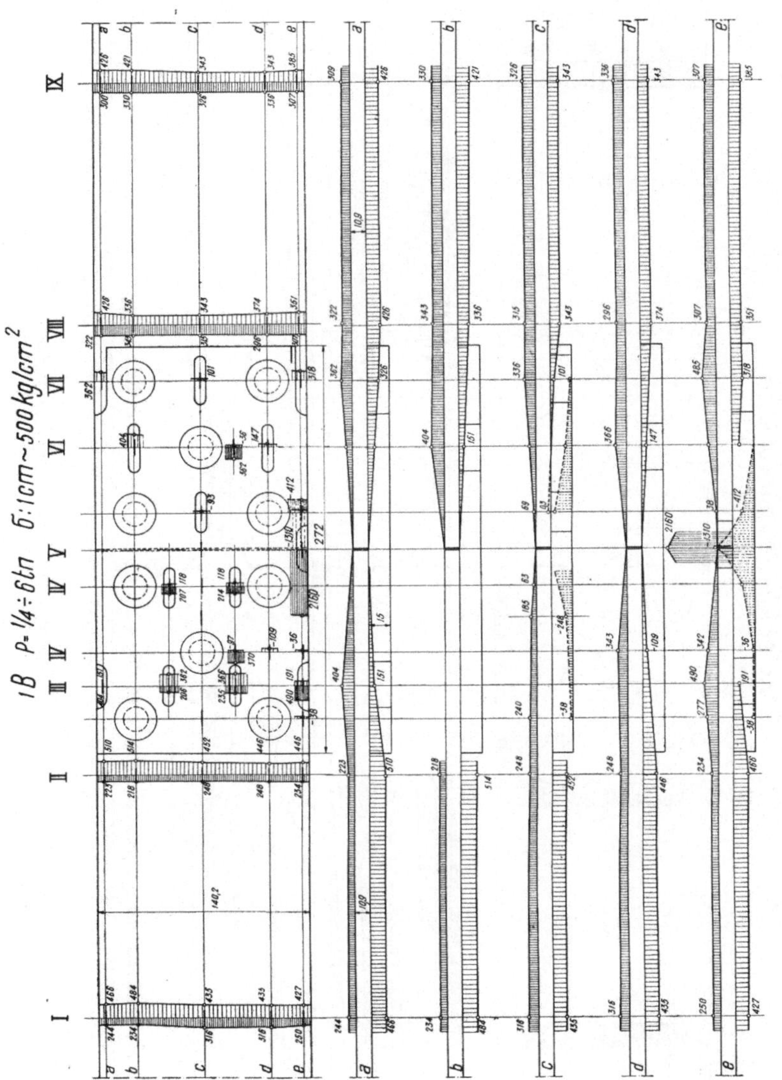

Abb. 5. Stab 1 B, Gruppe I. Gewöhnliche Lasche, mit Fenstern, ohne Kehlnähte.

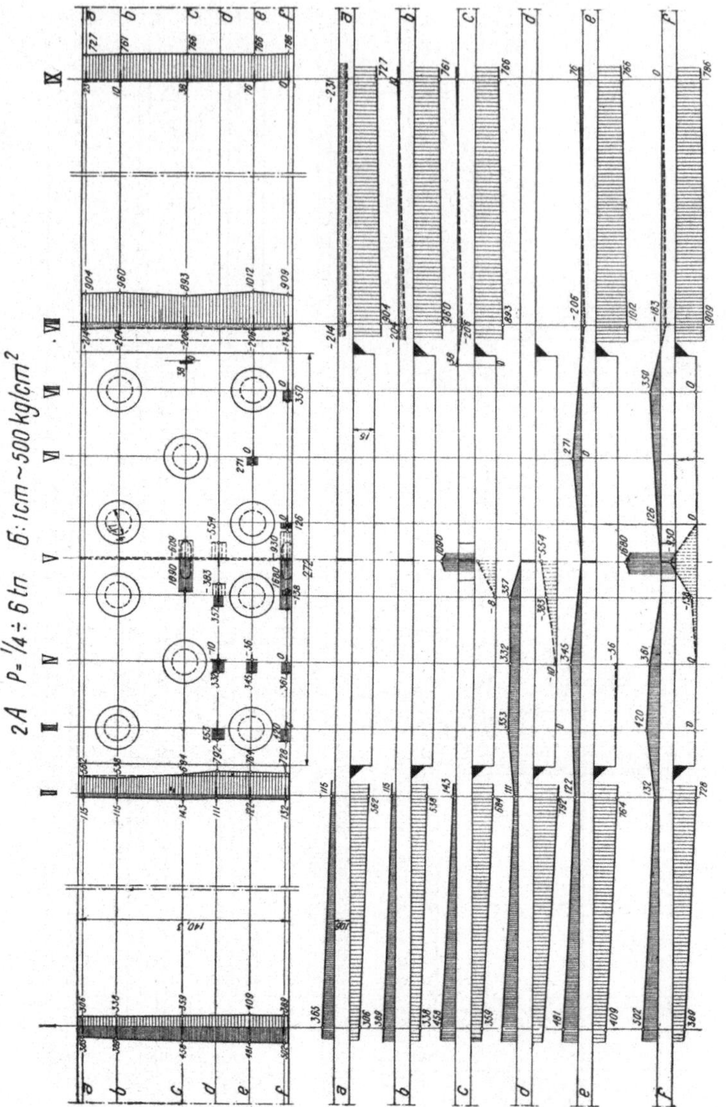

Abb. 6. Stab 2 A. Gruppe I. Gewöhnliche Lasche, ohne Fenster, mit Kehlnähten.

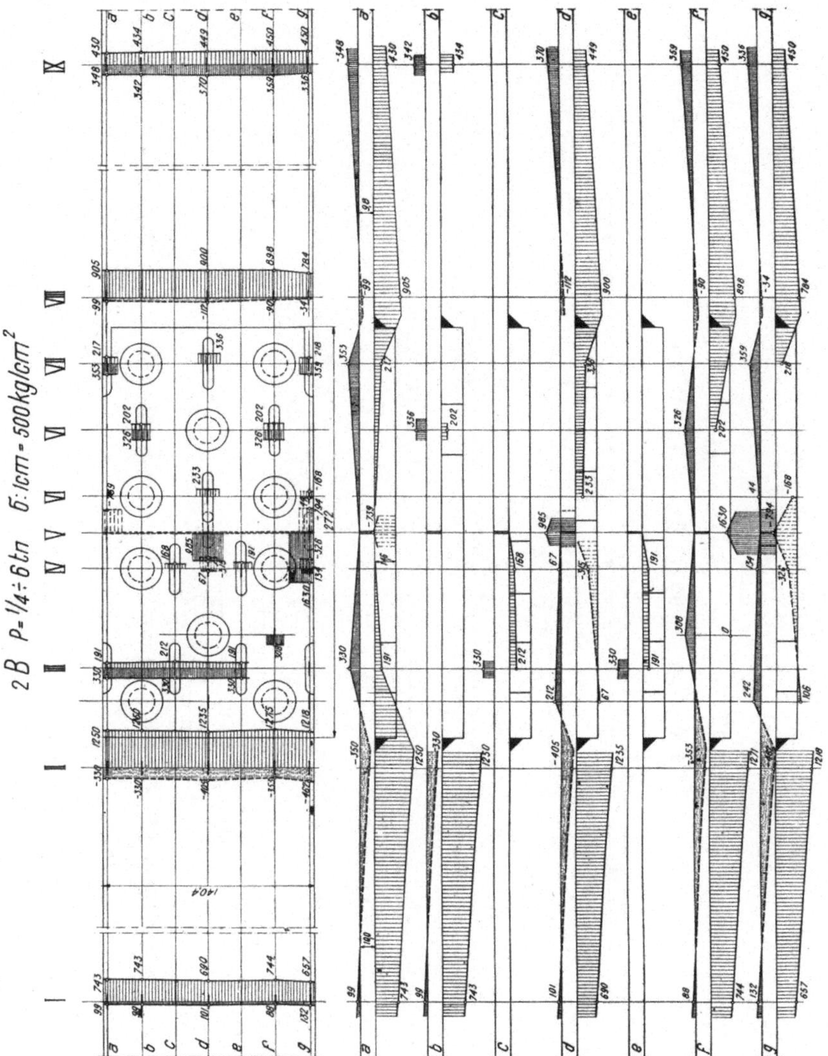

Abb. 7. Stab 2 B, Gruppe I. Gewöhnliche Lasche, mit Fenstern, mit Kehlnähten.

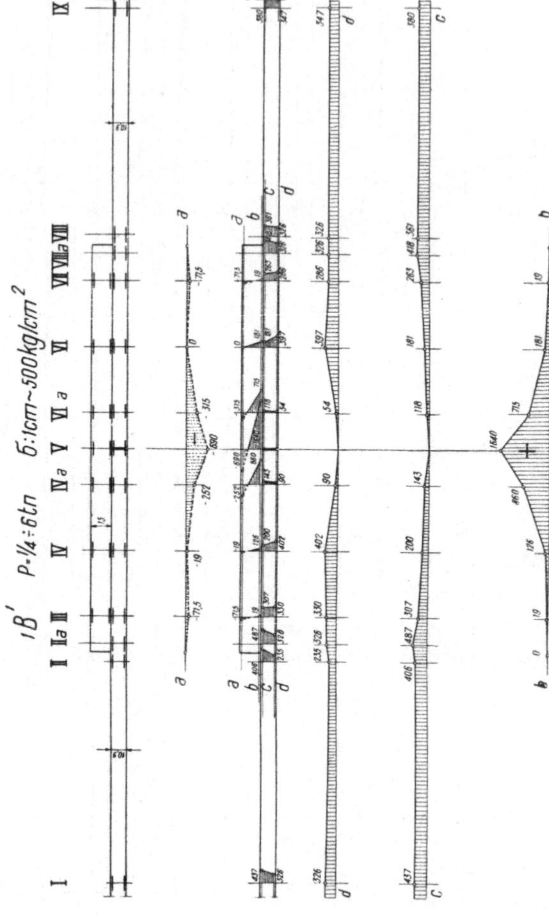

Abb. 8. Stab 1 B, Gruppe I. Messungen im Längsprofil. Lasche ohne Kehlnähte.

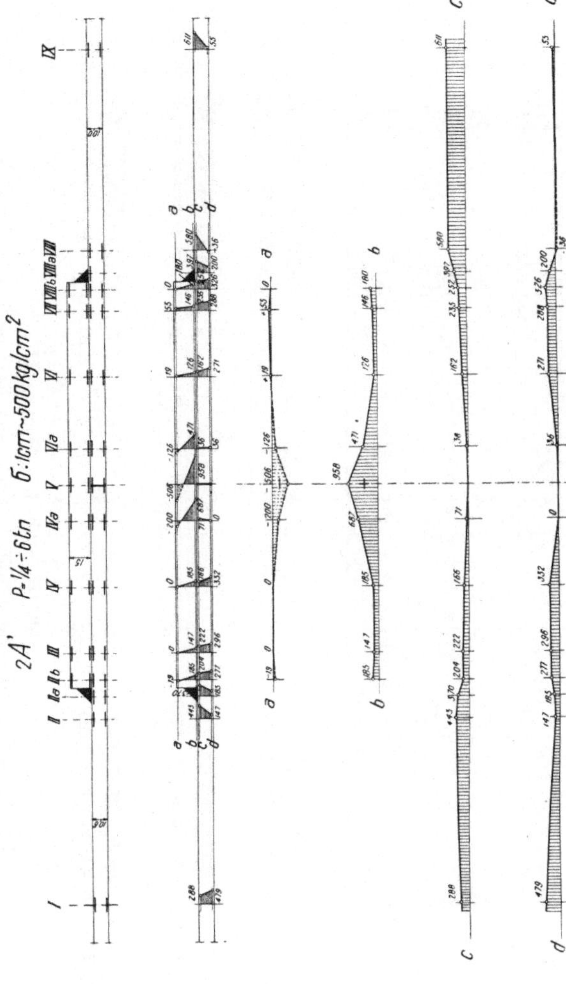

Abb. 9. Stab 2 A, Gruppe I. Messungen im Längsprofl. Lasche mit Kehlnähten.

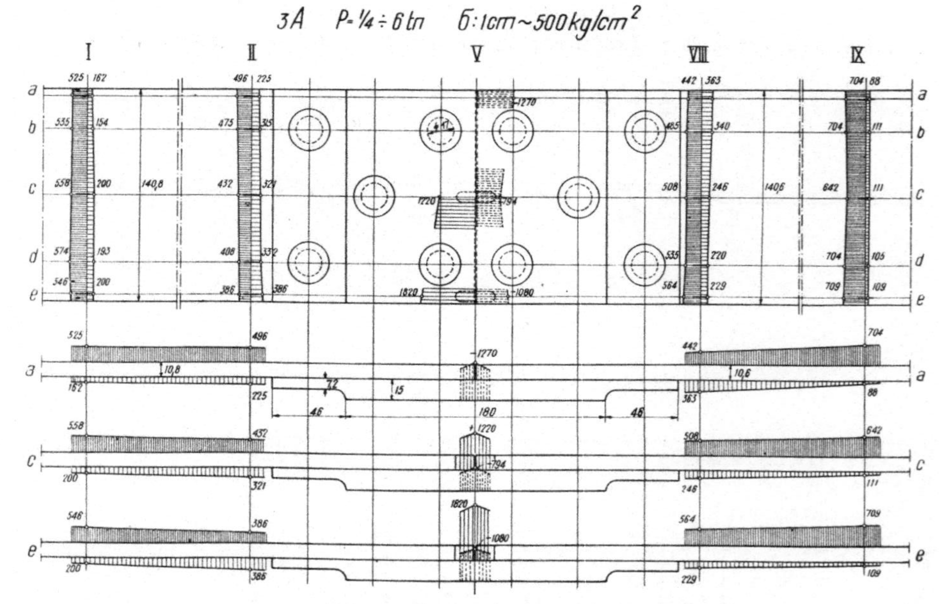

Abb. 16. Stab 3 A, Gruppe II.
Lasche mit abgesetzter Stufe, Lasche ohne Fenster, ohne Kehlnähte.

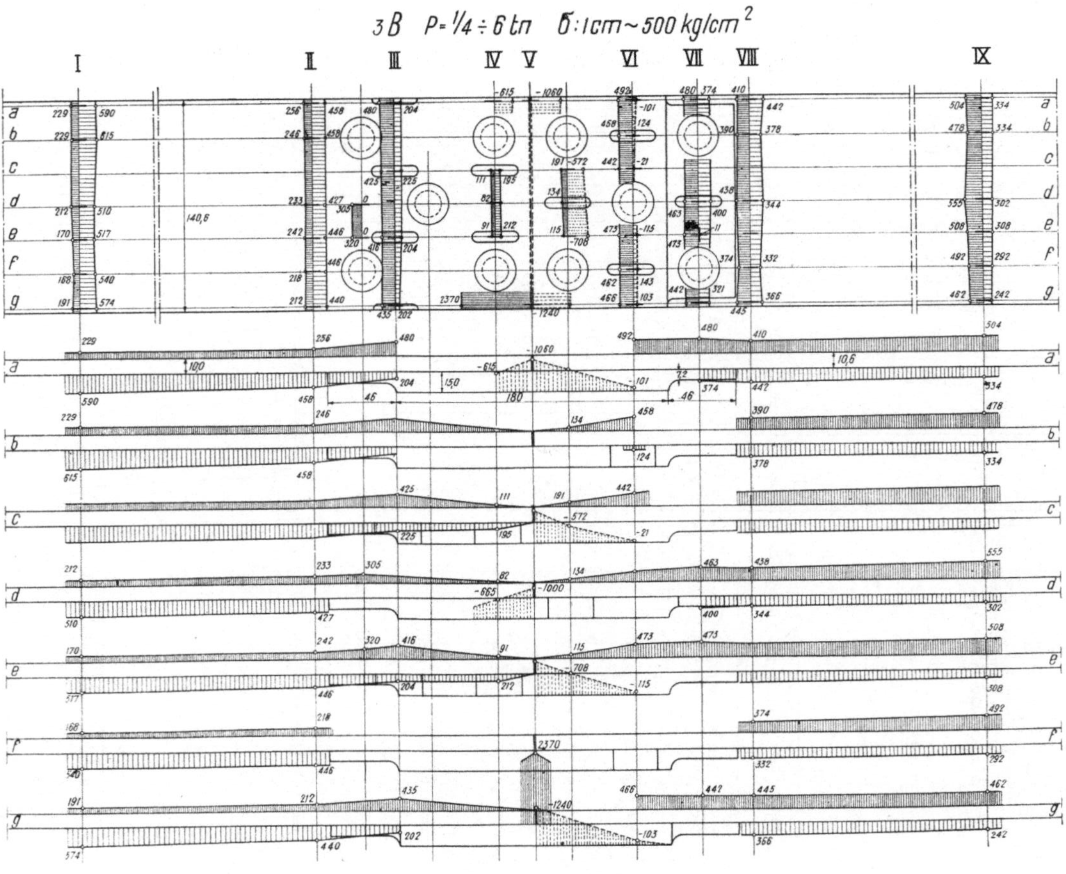

Abb. 17. Stab 3 B, Gruppe II. Lasche mit Stufe, mit Fenstern, ohne Kehlnähte.

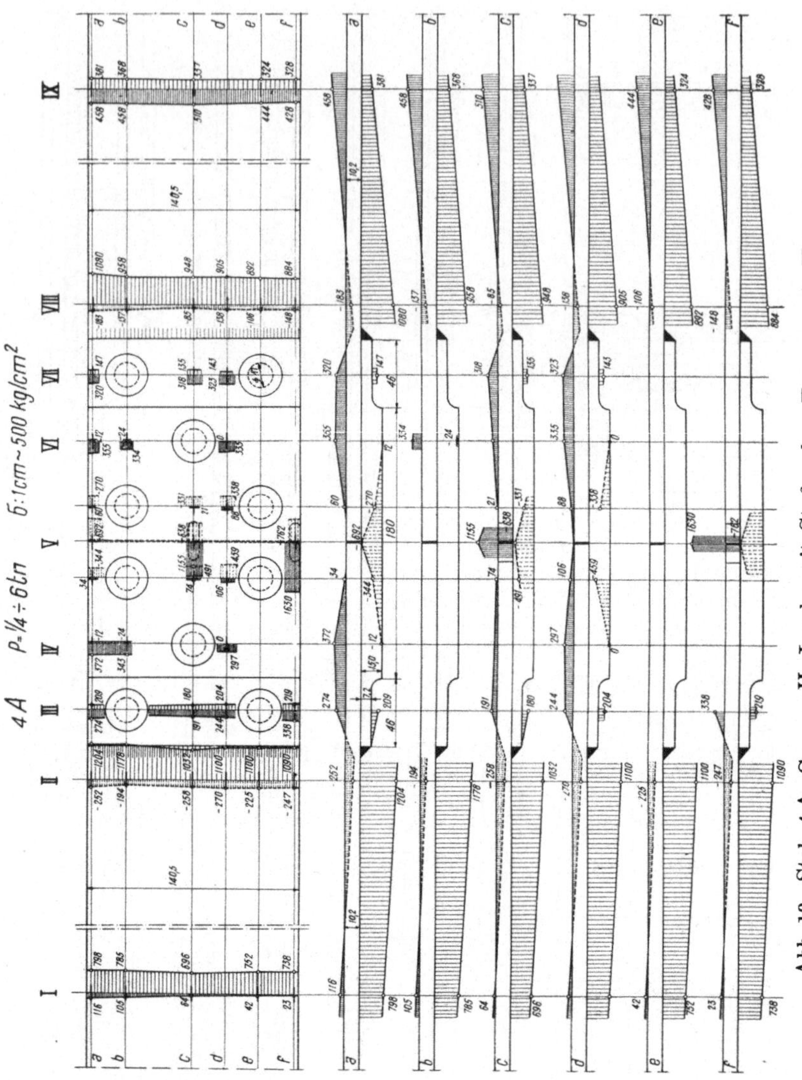

Abb. 18. Stab 4 A, Gruppe II. Lasche mit Stufe, ohne Fenster, mit Kehlnähten.

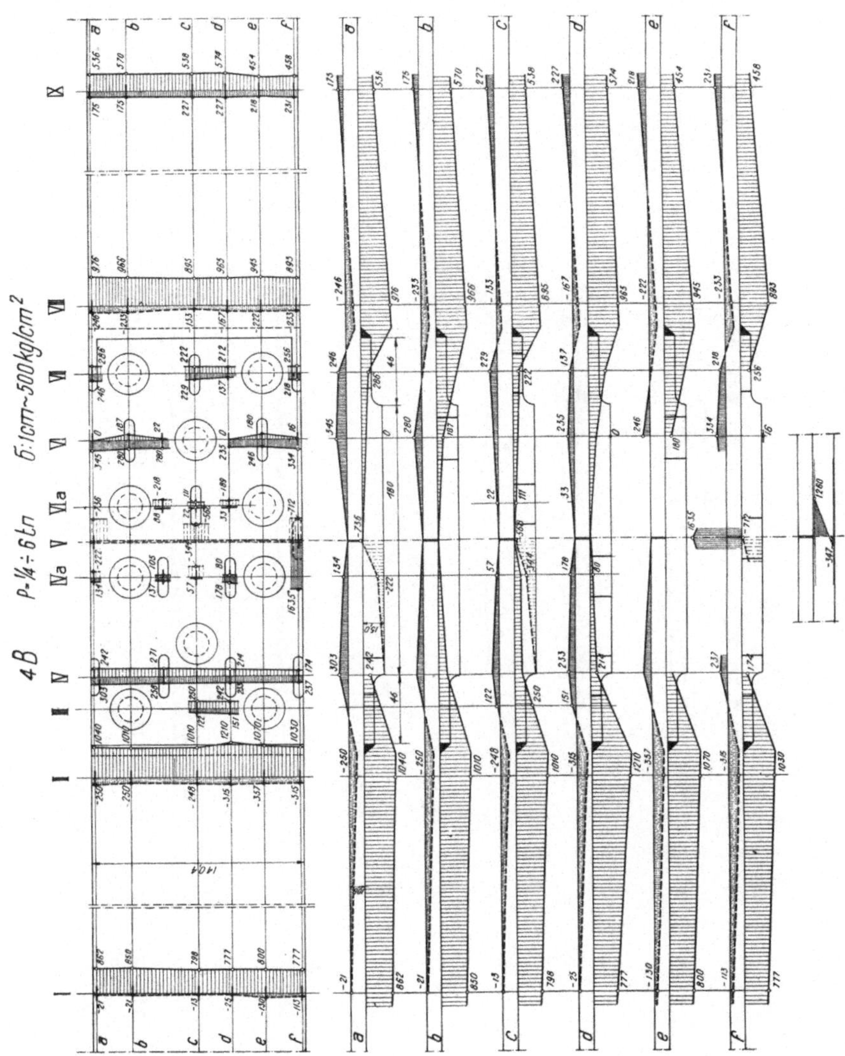

Abb. 19. Stab 4 B, Gruppe II. Lasche mit Stufe, mit Fenstern, mit Kehlnähten.

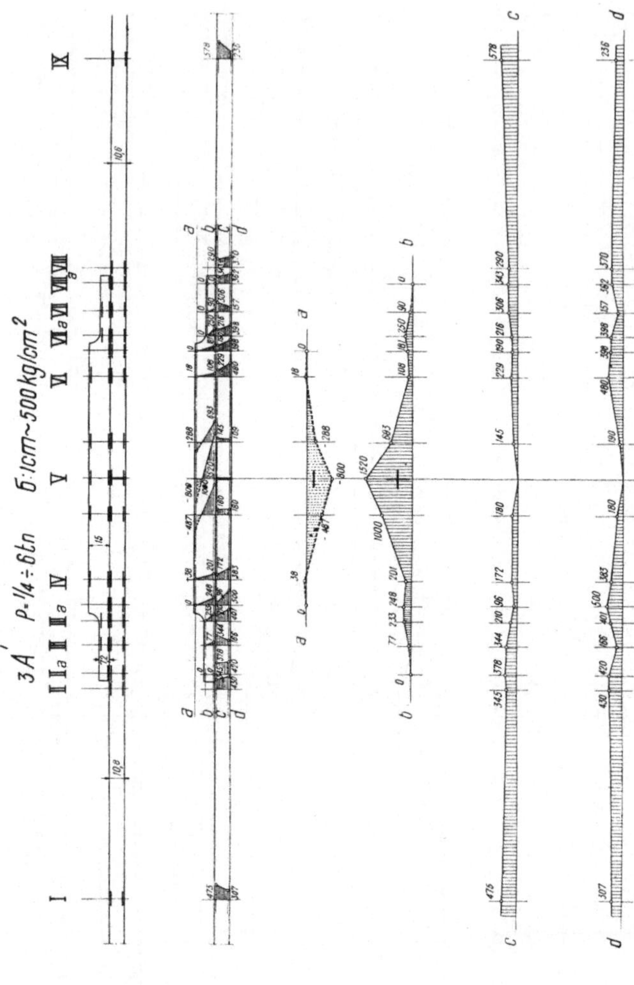

Abb. 20. Stab 3 A, Gruppe II. Messungen im Längsprofl. Abgesetzte Lasche ohne Kehlnähte.

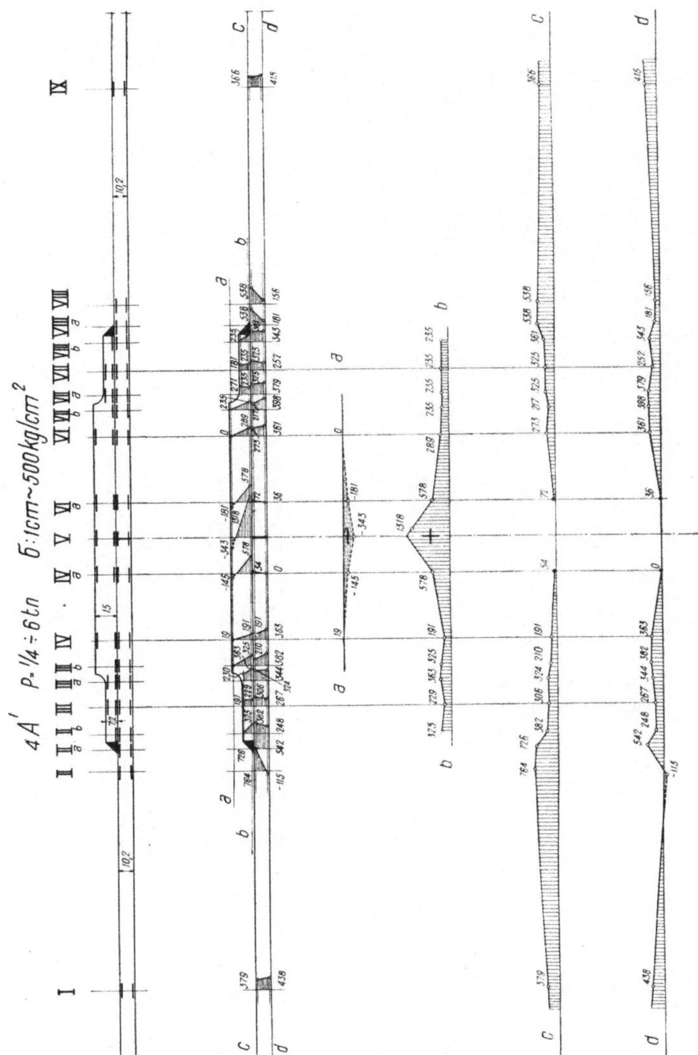

Abb. 21. Stab 4 A, Gruppe II. Messungen im Längsprofil. Abgesetzte Lasche mit Kehlnähten.

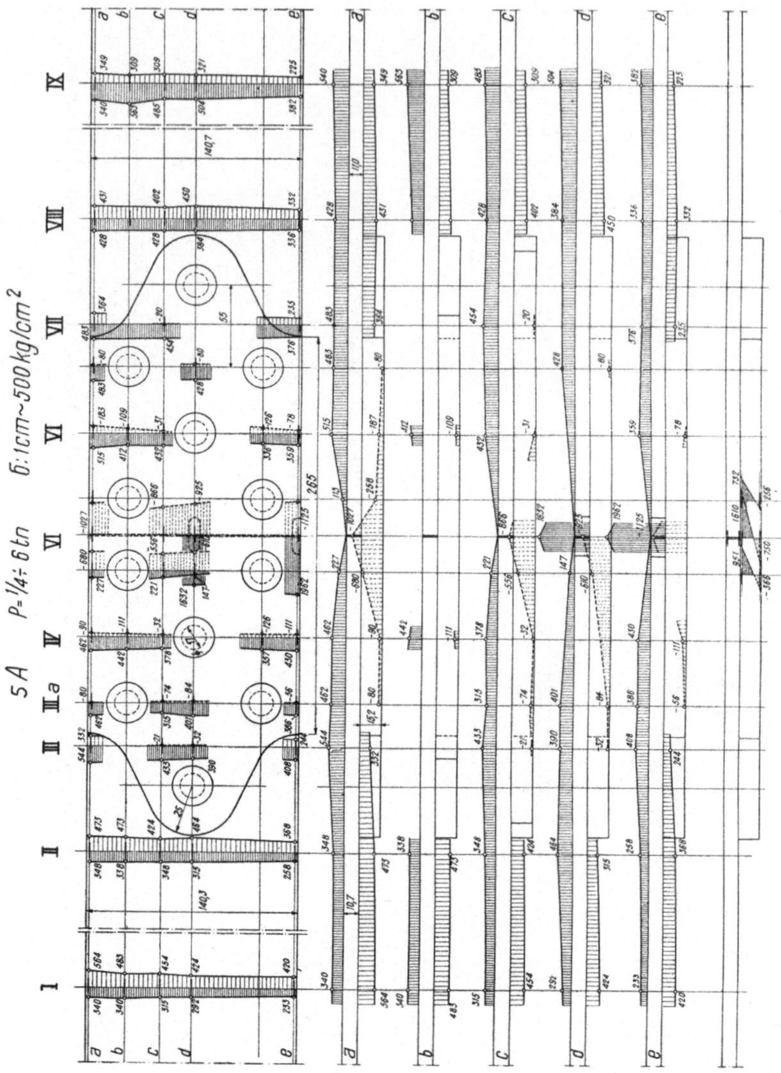

Abb. 22. Stab 5 A, Gruppe III. Gezackte Lasche, ohne Fenster, ohne Kehlnähte.

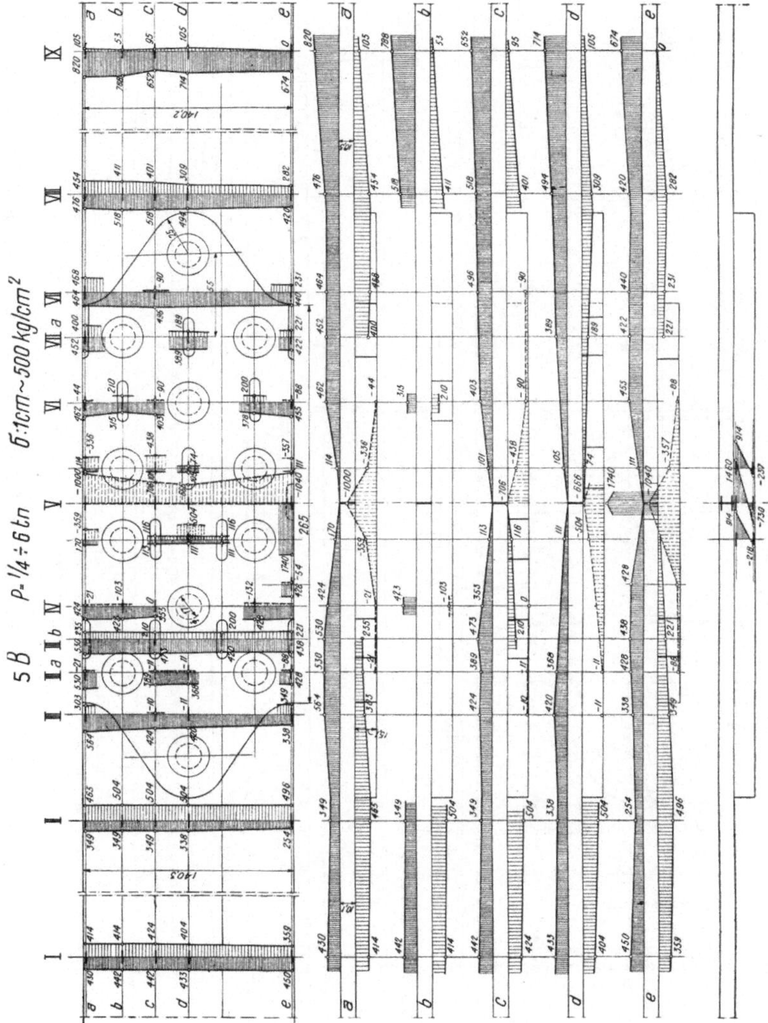

Abb. 23. Stab 5 B, Gruppe III. Gezackte Lasche, mit Fenstern, ohne Kehlnähte.

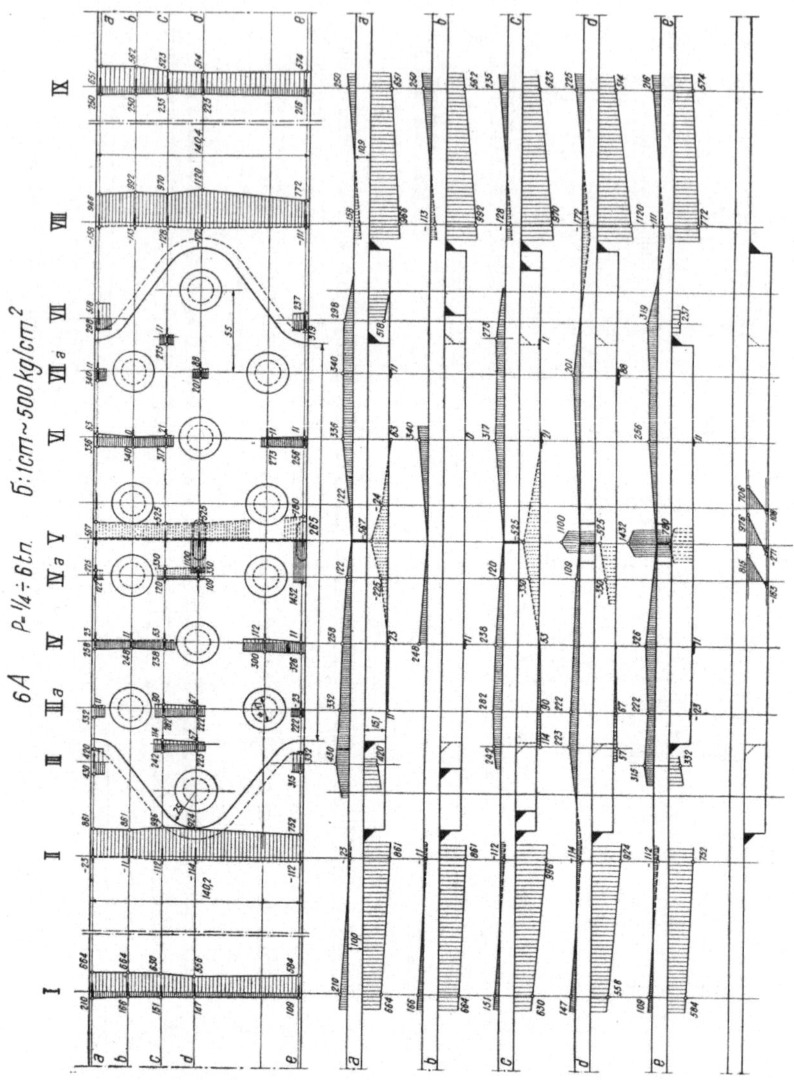

Abb. 24. Stab 6 A, Gruppe III. Gezackte Lasche, ohne Fenster, mit Kehlnähten.

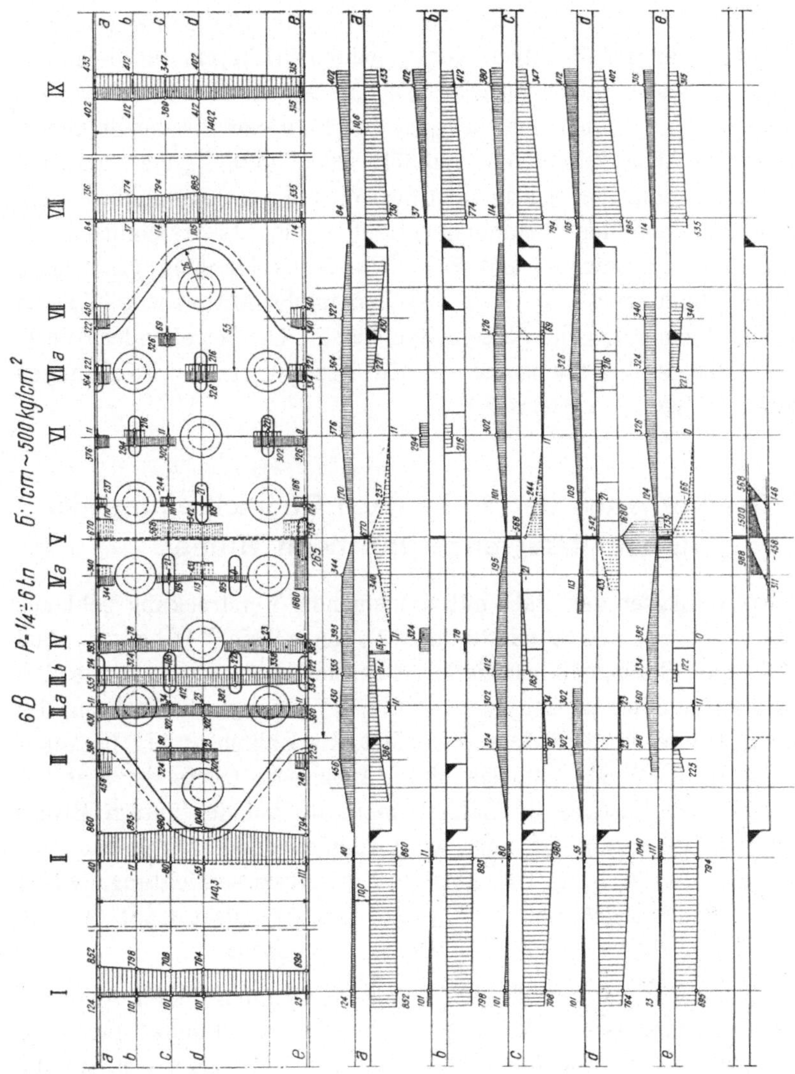

Abb. 25. Stab 6 B, Gruppe III. Gezackte Lasche, mit Fenstern, mit Kehlnähten.

Der Vergleich mit den Werten von Tafel V zeigt, daß die Biegungsspannungen im Blech in den Schnitten II und VIII stark gestiegen sind. Für diese Schnitte und für die Stäbe 5 A und 5 B, ist $\pm$ 50 kg/cm^2 der Mittelwert für σ_b, jedoch 451 kg/cm^2 für diejenigen 6 A und 6 B, also das neunfache. Das Mittel aus den Höchstwerten den Zacken gegenüber max $\pm \sigma_b$ ist $\pm$ 71 kg/cm^2 für die Stäbe 5 A und 5 B; bei den Stäben 6 A und 6 B jedoch 525 kg/cm^2, also ein mehr als siebenfaches. Darin liegt die Wirkung der Kehlnähte. Man beachte übrigens den Spannungsverlauf in den Längsschnitten der Abb. 22 und 23 bzw. 24 und 25. Die durch Messung ermittelten Biegungsspannungen ($\pm \sigma_b$) der Laschen in der Mittelebene (V) sind auch hier kleiner als die gerechneten ($\pm \sigma_b'$). Die betreffenden Werte sind überhaupt die kleinsten. — Mit Bezug auf die Folgerungen sei auf das Kap. 7 verwiesen.

4. Das Verhalten der Stäbe nach Überschreitung der Elastizitätsgrenze und beim Bruch.

Das Verhalten der Stäbe mit zunehmender Verstreckung geht aus den Abb. 26, 27, 31, 32 (S. 36 und 37), sowie Tafel VII hervor. Bloß die Hälfte der Stäbe, nämlich die mit A bezeichneten, wurde verwendet. Die Nietverbindung ist bei jeder Abbildung skizziert, die Stellung der Meßinstrumente durch Striche festgelegt, die Zahlen unter 100 kennzeichnen die Stellung auf der obern Blechseite (Seite der Lasche) bzw. über der Lasche, die Zahlen über 100 auf der untern Blechseite. Die Belastung ist auf der Ordinatenachse angegeben, die Dehnung ϵ $^0/_{00}$ (d. h. in Tausendsteln) in Abszissenrichtung, wobei daran zu erinnern ist, daß $\epsilon = \triangle\, l : l$. Die Bruchlast trägt die Bezeichnung Q, sie ist in der Abbildung angegeben.

Die meisten Linienzüge der Belastungsdehnungsbilder zeichnen sich bei einer gewissen Belastung durch einen Knickpunkt aus, über diesem Punkt verlaufen die Linien flacher. Der Knick ist auf die Überschreitung der Streckgrenze zurückzuführen, jenseits derselben beginnt der plastische Bereich. Das Auftreten des Knicks hängt zeitlich von der Größe der örtlichen Spannungen ab. Die Bruchbelastung und die Bruchbeschaffenheit der Stäbe sind in Tafel VII zusammengestellt.

Tafel VII.
Bruchlasten und mittlere Nietfestigkeit.

		Last Q t	Nieten τ kg cm²	Blech σ kg/cm²	Unterschied t	Bruchbeschaffenheit
genietet	1 A	39,5	3480	2780		Alle 5 Nieten einer Hälfte abgeschert.
	3 A	38,2	3360	2540		Abscheren der 3 nächst der Fuge liegenden Nieten auf einer Stabhälfte.
	5 A	44,2	3250	3000		Bruch der ersten Niete (in der Zacke) einer Hälfte.
genietet und geschweißt	2 A	48,5	—	3260	2 A— 1A = 9,0	Bruch des Stabes im freien Teil.
	4A	50,5	—	3520	4 A — 3A = 12,3	Abscheren der 3 nächst der Fuge liegenden Nieten einer Stabhälfte. Kehlnaht aufgerissen, im Moment d. Bruchs. Anbruch der Lasche.
	6 A	52,6	—	3600	6A — 5A = 8,4	Bruch im freien Teil.

Stab 1 A. Gewöhnliche Lasche

(Abb. 26). Die Spannungen des Blechs sind Zugspannungen, die bei ca. 20 t Belastung soweit anwachsen, daß Fließen eintritt. Die Spannungen an der Lasche, außen, sind Druckspannungen; am ausgeprägtesten sind diese bei den Punkten 21 und 24 des Mittelschnittes, die betr. Linienzüge liegen im negativen Feld des Diagramms. Dagegen gehört Punkt 121, blechseitig, zum gezogenen Teil der Lasche. Infolge der starken Biegungsspannung wird diese Stelle zuerst verstreckt.

Der Bruch trat bei 39,5 t durch das Abscheren der fünf Nieten einer Hälfte ein oder bei einer mittleren Scherfestigkeit von 39,5 : 11,35 = 3480 kg/cm² ein. Dabei war das Blech mit 39,5 : 14,2 = 2780 kg/cm² beansprucht; die Beanspruchung der Lasche war geringer. Das Profil des Stabes unmittelbar vor dem Bruch zeigt sich in Abb. 28. Die Stabhälften und die Lasche sind an den Rändern infolge der Biegungsmomente von der Unterlage abgehoben.

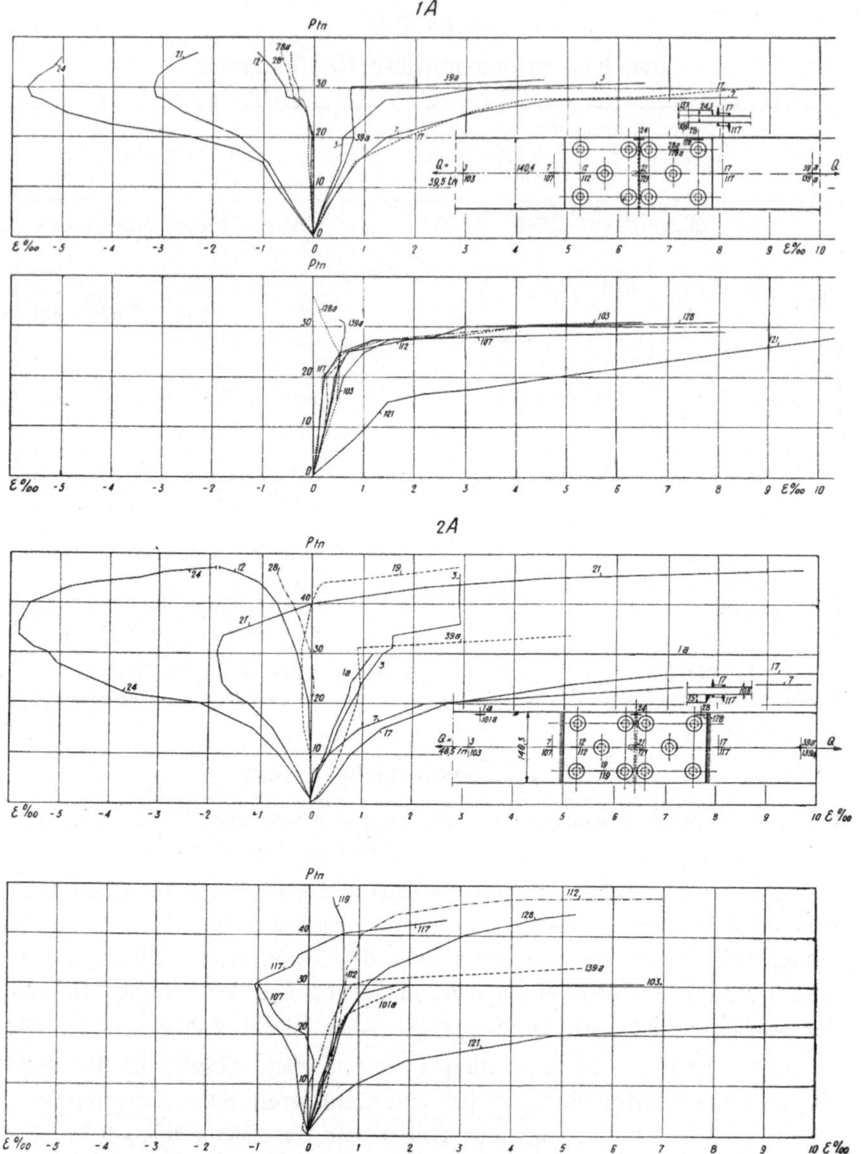

Belastungs-Dehnungsdiagramme, Gruppe I.
Abb. 26a und b.   Stab 1A.   Gewöhnliche Lasche, ohne Kehlnähte.
Abb. 27a und b.   Stab 2A.   Gewöhnliche Lasche, mit Kehlnähten.

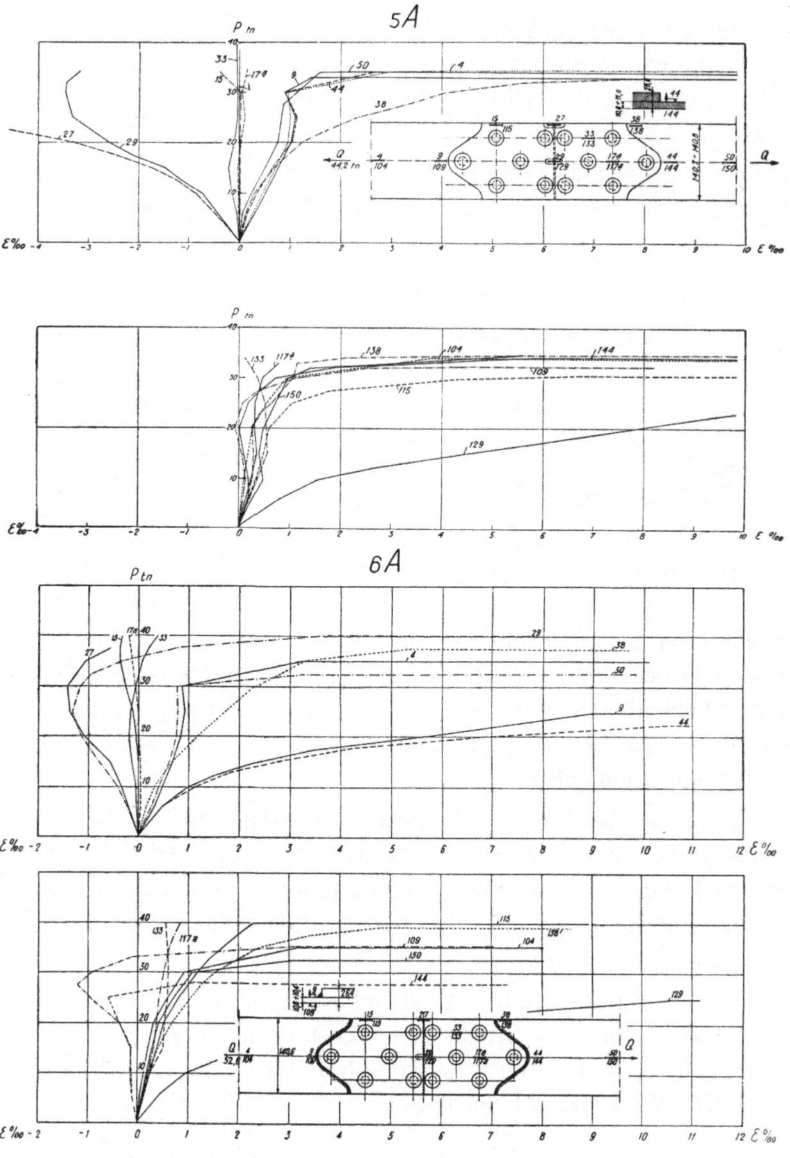

Belastungs-Dehnungsdiagramme, Gruppe III.
Abb. 31a und b. Stab 5 A. Gezackte Lasche, ohne Kehlnähte.
Abb. 32a und b. Stab 6 A. Gezackte Lasche, mit Kehlnähten.

Stab 2A

(Abb. 29). Die Laschenränder sind verschweißt. Die Ergebnisse sind den obigen ähnlich. Wiederum sind es die Meßstellen 21 und 24, außen an der Lasche in der Mittelebene, bei denen sich schon bei geringer Belastung, 10-–15 t, der Beginn einer bleibenden Stauchung zeigt, bis mit zunehmender Deformation die Druck- in Zugspannungen übergehen (bei 30—40 t). Bemerkenswert ist, daß das Blech bei

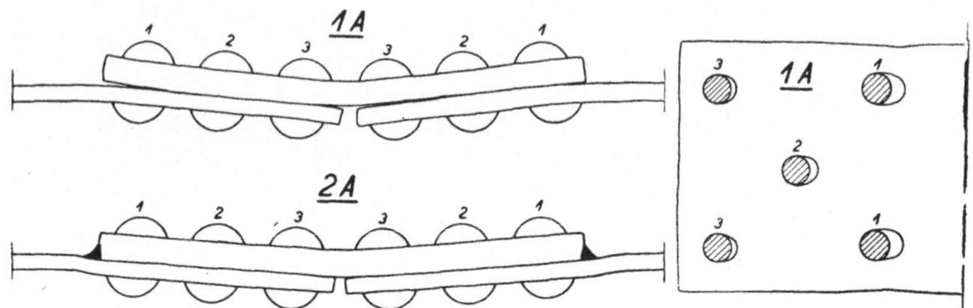

Abb. 28 und 29. Längsprofil der Stäbe 1 A und 2 A vor dem Bruch.
Abb. 30. Ende einer Stabhälfte von 1 A nach dem Bruch.

den Punkten 107 und 117, außen, in der Nähe der Schweißnähte zunächst Druckspannungen erhält. Diese Erscheinung ist als Wirkung der Schweißnähte aufzufassen, in Bestätigung der Ausführungen zu Abb. 12 bis 15 (S. 12). Später, bei 30 t, gehen die Druckspannungen in Zugspannungen über.

Infolge der Wirkung der Schweißnähte steigt die Bruchbelastung, die bei reiner Vernietung 39,5 t war, auf 48,5. Dabei brach der Stab im freien Teil, mit einer Bruchfestigkeit von bloß 3260 kg/cm^2. Der Unterschied gegenüber 1 A ist 9 t; soviel haben die Kehlnähte übernommen, sie waren noch nicht angebrochen.

Der deformierte Stab 2 A ist im Längsprofil in Abb. 29 dargestellt, kurz vor dem Bruch. Die Ausführungen, die zur Abb. 15 geführt haben, finden sich vollständig bestätigt. Die Kehlnähte haben die Kraft, das Blech zu verbiegen.

Stäbe 3A und 4A. Abgesetzte Laschenränder, bei 4A mit Kehlnähten.

Die Ergebnisse sind denjenigen von 1 A und 2 A ähnlich, so daß wir auf die Wiedergabe der Belastungsdiagramme verzichten. Die Bruchbelastungen usw. finden sich in Tafel VII, Seite 35.

Stab 5 A. Die Lasche ist gezackt

Abb. 31, S. 37. Die Dehnungen verhalten sich ähnlich wie diejenigen von 1 A. Die Lasche erhält auf der Außenseite (Punkte 27, 29) Druck. Die Stelle bei 129 fließt, infolge hoher Biegung, schon bei verhältnismäßig geringer Belastung. Bruchlast 44,2 t, was hinsichtlich des gesamten Nietquerschnittes von 13,6 cm^2 die Scherfestigkeit von 3250 kg/cm^2 ausmacht. Das Blech war mit rd. 3000 kg/cm^2 beansprucht. Die erste Niete einer Blechhälfte, diejenige der Zacke, war durchgeschert, die anderen waren fast soweit. Besseres Verhalten gegenüber den Stäben 1 A und 3 A ergibt sich, abgesehen von der höhern Bruchlast, bei 5 A nicht. Die Stellen 44 und 144 des Blechs beim Laschenzipfel verhielten sich wie die andern Stellen.

Stab 6 A. Die Lasche ist gezackt und am Rande verschweißt

Abb. 32, S. 37. An dem betr. Belastungs-Dehnungsdiagramm zeigt sich das besondere, das die Lasche 6 A, außen, im Mittelschnitt, Punkte 27 und 29, geringern Druckspannungen unterliegt als alle übrigen Laschen. Dieses Ergebnis steht im Einklang mit den in der noch folgenden Tafel IX wiedergegebenen Biegungsspannungen. Das Modell 6 A muß also, hinsichtlich der Laschenspannung, jedoch nur dieser, als das günstigste bezeichnet werden.

Die Stellen des Blechs (9, 109, 44, 144) bei der Zacke sind wegen der Wirkung der Schweißnaht stärker beansprucht als das umliegende Blech, sie fliessen daher früher. Bruchlast 52,6 t, der Bruch findet im freien Teil statt, die Bruchfestigkeit des Stabes ist 3600 kg/cm^2. Nietbeanspruchung und Kehlnahtbeanspruchung können nicht auseinandergehalten werden. Die Bruchbelastung ist um 8,4 t höher als die des Bruderstabes 5 A.

Ergebnisse der Versuche bei überschrittener Streckgrenze: Sind die Laschen am Rand mit den Stäben verschweißt, so brechen die Stäbe. Sind sie nur vernietet, so wird, bei gleicher Festigkeit von Nieten und Blech, die erste (äußerste) Niete durchgeschert. Die Kehlnähte haben die Kraft, das Blech an der Schweißstelle zu verformen.

5. Relative Verschiebungen von Blechen und Laschen.

Durch die Übertragung der Kräfte von den Blechhälften an die Laschen müssen sich infolge der Nachgiebigkeit der Nieten Bleche und Laschen gegen einander verschieben.

Wir haben den Verschiebungsvorgang früher geprüft und in verschiedenen Arbeiten darüber berichtet[3]) Die Verschiebung kann elastischer oder bleibender Art sein. Hinsichtlich der elastischen Verschiebung ist darauf hinzuweisen, daß der Vorgang sich aus zwei Einzelvorgängen zusammensetzt; aus der Verschiebung der Bleche und Laschen, die dem Elastizitätsgesetz zufolge in Erscheinung tritt; wir haben sie innere rel. Verschiebung genannt, und derjenigen, die wegen der Nachgiebigkeit der Nieten entsteht.

Diese, die äußere rel. Verschiebung, ist für alle Stellen gleich groß und erfolgt so, als ob Bleche und Laschen vollständig starr wären, d. h. wie Schermesser wirkten.

Im Nachfolgenden wird lediglich über die Gesamtvorgänge berichtet. An der Längsseite bei der Blechfuge wurde, oben und unten, je ein Dehnungsmesser aufgespannt, jedoch rd. 1 mm vom obern bzw. untern Rand entfernt, ähnlich wie bei den Messungen 1 B', 2 A' usw. Die Erweiterung der Fuge kann als Maß der rel. Verschiebung, der elastischen wie der bleibenden, aufgefaßt werden. Diese Meßmethode führt nicht zu wissenschaftlich strengen Ergebnissen, sie gewährt aber einen Überblick über die Verschiebungsvorgänge[4]).

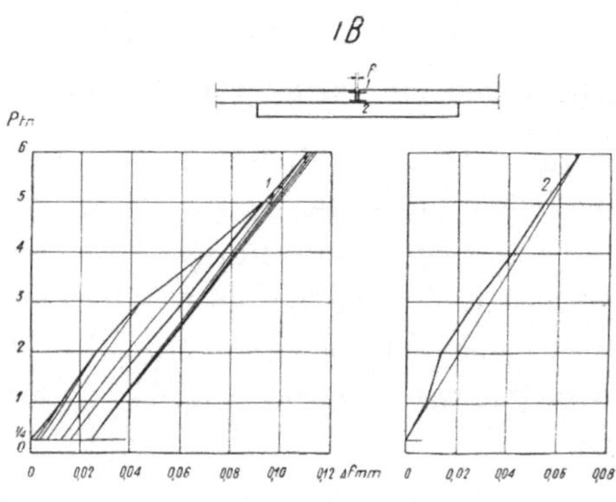

Abb. 33. Bleibende rel. Verschiebungen bei Stab 1 B.

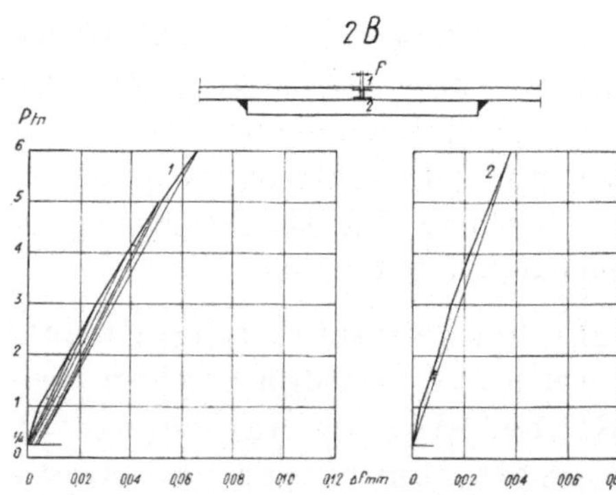

Abb. 34. Bleibende rel. Verschiebungen bei Stab 2 B.

Die am Stab angreifende Last verbiegt, wie wir gesehen haben, die Lasche, die Blechhälften folgen der Verbiegung und die Trennfuge der Blechhälften klafft somit außen weiter auseinander als laschenseitig. Aus diesem Grund ist stets oben und unten gemessen worden (Meßstelle 1 bzw. 2, Abb. 33 und 34). Durch die Methode kann der Zeitpunkt der bleibenden rel. Verschiebung (des Gleitens) festgestellt werden, hierauf kommt es an. Er mußte sich ergeben, wenn die Stäbe stufenweise belastet wurden. Die bleibenden rel. Verschiebungen sind hinsichtlich der Stäbe 1 B und 2 B in Abb. 33 und 34 angegeben (die Darstellung anderer Versuche erübrigt sich wegen der Wiederholung des Vorganges).

Die Stabbeschaffenheit ist im Bild angegeben. Die Verschiedenheit der Bilder 1 und 2 rührt davon her, daß für die Messung bei der Stelle 1 in den Stufen 0 - 1 - 0, 0 - 2 - 0 usw. bis 6 t gemessen wurde, bei der Stelle 2 in der einzigen Stufe 0 - 6 - 0 t. Wegen Platzmangel konnte nämlich bloß an einer Stelle gemessen werden, zuerst bei 1. Im Zeitpunkt der Messungen bei der Stelle 2 war rel. Verschiebung bis zu einer Grenze entsprechend der Belastung von 6 t schon eingetreten.

Daß die Biegung der Lasche die Messungen 1 und 2 beeinflußt, zeigt sich aus dem Vergleich der Bilder 1 und 2. Die Ausschläge $\triangle f$ sind für die obenliegende Meßstelle 1 bedeutend größer als für 2.

Das wichtigste Ergebnis ist der Beginn der bleibenden rel. Verschiebung. Das nötige ist aus Tafel VIII zu ersehen.

Tafel VIII.
Belastung und Nietspannung beim Auftreten bleibender rel. Verschiebungen von Blechhälften und Laschen.

	P t	τ kg/cm²		P t	τ kg/cm²
		Reine Nietung			
1 A	—	—	1 B	1	88
3 A	1	88	3 B	1	88
5 A	1	73	5 B	1	73
		Laschen mit Kehlnähten			
2 A	4	—	2 B	3	—
4 A	3	—	4 B	2	—
6 A	2	—	6 B	2	—

Obwohl der ganze Versuch nur sehr rudimentär aussieht, so ist doch daraus das eine mit Sicherheit zu entnehmen, daß bleibende rel. Verschiebung (Gleiten) bei den Stäben mit reiner Vernietung (mit unverstemmten Nieten und unverstemmten Rändern) fast von Anbeginn der Stabbelastung an eintritt. Üblicherweise wird dieser Beginn in kg/cm^2 Scherbeanspruchung (τ) des totalen Nietquerschnittes ausgedrückt, obwohl ein direkter Zusammenhang nicht besteht, weil bei den ersten Verschiebungen lediglich die Hohlräume ausgefüllt werden, in der Weise, daß die Nietschäfte und Lochwände zum Anliegen kommen. Wir sind diesem Gebrauch gefolgt. Die Belastungen τ der Tafel zeigen den äußerst geringen Widerstand der Vernietung gegen bleibende rel. Verschiebung (sog. Gleitwiderstand). Diese Feststellung entspricht früherer Erfahrung [3]).

Das Bild ändert sich hinsichtlich der Stäbe mit Kehlnähten bei den Laschen. Die Kehlnähte sind es, die die rel. Verschiebung verhindern. Auch diese Feststellung geht derjenigen früherer Jahre parallel [6]).

6. Beanspruchung einzelner Nieten bei rein vernieteten Verbindungen.

Wir haben früher bewiesen, daß die Nieten ungleich beansprucht sind. Am meisten nehmen die ersten (äußersten) Nieten von der Blechseite her an der Kraftübertragung teil [5]). Die vorliegenden Versuche lassen die Frage nur ungefähr übersehen und zwar an Hand der Deformationsbilder. Vom Stab 1 A ist die rechte Hälfte in der Draufsicht in Abb. 30 (Seite 38) wiedergegeben. Die Nietenreihen sind mit Zahlen gekennzeichnet. Die schraffierten Querschnitte sind Scherflächen der Nieten. Durch den Widerstand der Nieten wurden die Nietlöcher der Bleche langgezogen. In Uebereinstimmung mit den frühern Feststellungen [5]) sind die ersten Löcher am längsten, sie hatten die größten Teilkräfte aufzunehmen.

Bei Stäben mit Kehlnähten übernehmen diese den größten Teil der Belastung, so daß die Nieten geschont werden.

────

7. Zusammenfassung der Ergebnisse.

Die durch Messung ermittelten Spannungen ergeben im glatten Stabteil, wo sie durch die Rechnung kontrolliert werden können, befriedigende Uebereinstimmung, ein Beweis dafür, daß die Messungen mit genügender Genauigkeit durchgeführt wurden. Man vergleiche die durch Messung festgestellten Werte σ_s mit den gerechneten σ_s' der Tafeln I—VI, die wir in der Zusammenstellung A einander gegenüberstellen.

A. Mittelwerte der Normalspannungen σ_s (gemessen) und σ_s' (gerechnet) im Blech in den Schnitten II und VIII.
(Abb. 4—25, S. 18—33).

Rein genietete Laschen				Laschen mit Kehlnähten			
	σ_s	σ_s'	$\dfrac{\sigma_s}{\sigma_s'}$		σ_s	σ_s'	$\dfrac{\sigma_s}{\sigma_s'}$
1 A · 1 B	377	390	0,967	2 A · 2 B	399	398	1,002
3 A · 3 B	376	389	0,967	4 A · 4 B	397	393	1,010
5 A · 5 B	400	396	0,010	6 A · 6 B	408	396	1,031

Uebereinstimmend mit frühern Forschungen[3]) zeigt es sich, daß die Kraftfelder vernieteter Verbindungen große Unregelmäßigkeiten in der Spannungsverteilung aufweisen.

Tafel IX.
Zusammenstellung der Blechspannungen am Laschenrand
(Schnitte II und VIII).

		Rein genietet			Mit Kehlnähten	
		II	VIII		II	VIII
		kg/cm²	kg/cm²		kg/cm²	kg/cm²
		gewöhnliche Parallellaschen				
σ_s gemessen	1 A	(424)	(391)	2 A	390	366
σ_s' gerechnet		(405)			386	
$\pm\,\sigma_b$		(293)	(302)		265	569
$\sigma_s + \sigma_b$		(705)			795	
σ_s gemessen	1 B	353	341	2 B	435	407
σ_s' gerechnet		376			410	
$\pm\,\sigma_b$		120	25		811	465
$\sigma_s + \sigma_b$		419			1059	

	Rein genietet			Mit Kehlnähten		
		II	VIII		II	VIII
		kg/cm²	kg/cm²		kg/cm²	kg/cm²
Parallellasche mit Randstufe						
σ_s gemessen	3 A	377	393	4 A	443	410
σ'_s gerechnet		381			401	
$\pm\,\sigma_b$		61	114		678	542
$\sigma_s + \sigma_b$		472			1036	
σ_s gemessen	3 B	342	392	4 B	374	361
σ'_s gerechnet		397			386	
$\pm\,\sigma_b$		107	20		658	574
$\sigma_s + \sigma_b$		430			983	
Gezackte Lasche						
σ_s gemessen	5 A	375	399	6 A	397	408
σ'_s gerechnet		390			394	
$\pm\,\sigma_b$		58	5		486	549
$\sigma_s + \sigma_b$		418			920	
σ_s gemessen	5 B	407	419	6 B	429	397
σ'_s gerechnet		402			398	
$\pm\,\sigma_b$		85	58		479	291
$\sigma_s + \sigma_b$		484			798	

Bleche.

Die Ergebnisse, die die Messung hinsichtlich der Schnitte II und VIII der Stäbe ergab, gehören zu den wichtigsten, weil diese Schnitte in der Nähe der Laschenränder liegen, dort wo die grössten Biegungsspannungen auftreten (Abb. der Seiten 18—33).

Wir bilden zunächst die Zusammenstellung

B. Mittelwerte der Gesamtspannungen $\sigma_s + \sigma_b$ im Blech in den Schnitten II und VIII.

Rein genietete Stäbe	$\sigma_s + \sigma_b$	σ'_s	$\dfrac{\sigma_s + \sigma_b}{\sigma'_s}$	Laschen mit Stirnnähten	$\sigma_s + \sigma_b$	σ'_s	$\dfrac{\sigma_s + \sigma_b}{\sigma'_s}$
	kg/cm²	kg/cm²	(= c)		kg/cm²	kg/cm²	(= c)
1 A · 1 B	562	390	1,44	2 A · 2 B	927	398	2,33
3 A · 3 B	451	389	1,16	4 A · 4 B	1009	393	2,57
5 A · 5 B	451	396	1,14	6 A · 6 B	859	396	2,17

In der Zusammenstellung ist der Quotient $(\sigma_s + \sigma_b) : \sigma_s$ aufgenommen, das Verhältnis der durch Messung festgestellten Gesamtspannungen und der gerechneten Zugspannung. Bei den rein genieteten Stäben ist die Gesamtspannung höchstens das 1,44 fache der Zugspannung, bei denjenigen mit geschweißten Laschen wird beinahe das 2,6 fache erreicht.

Für die reinen Biegungsspannungen, die durch Messung festgestellt wurden, lassen sich folgende Werte zusammenstellen.

C. Mittelwerte der Biegungsspannungen $\pm \sigma_b$ im Blech in den Schnitten II und VIII.

Rein genietete Laschen		Laschen mit Stirnnähten	
$1\,A \cdot 1\,B$	185 kg/cm²	$2\,A \cdot 2\,B$	527 kg/cm²
$3\,A \cdot 3\,B$	75 „	$4\,A \cdot 4\,B$	613 „
$5\,A \cdot 5\,B$	52 „	$6\,A \cdot 6\,B$	451 „
$5\,A \cdot 5\,B$ max	71 „	$6\,A \cdot 6\,B$ max	525 „

Wir stellen diese Verhältnisse noch in der Abb. 35 zeichnerisch dar.

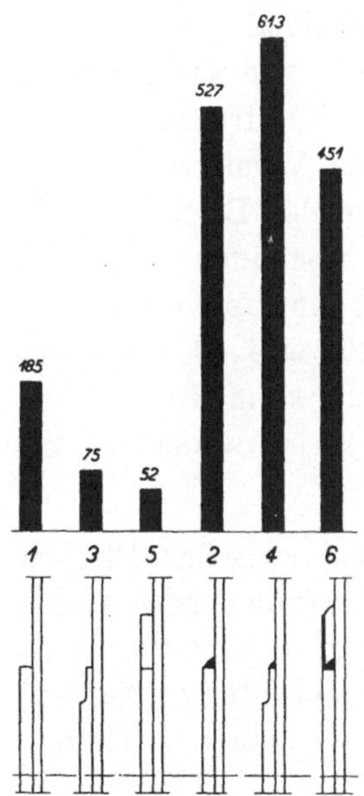

Abb. 35. Mittelwerte der Biegungsspannungen $\pm \sigma_b$ im Blech bei den Schnitten II und VIII.

Diese Auszüge enthalten das Nötige, um alle die geprüften Nietkonstruktionen in einer wichtigen Beziehung beurteilen zu können, es ist die Höhe der Biegungsspannungen im Blech am Laschenrand. Die Stäbe, deren Laschen Stirnnähte haben, weisen viel höhere Biegungsspannungen auf als die rein genieteten Stäbe. Am geringsten sind die Biegungsspannungen in den Blechen, die mit einer gezackten Lasche (Stäbe 5 A u. 5 B, S. 30 u. 31) zusammengenietet sind. Als zweitbeste Verbindung, mit der erstgenannten fast gleichwertig, zeigen sich die am Rand zu einer dünnern Stufe abgesetzten Parallellaschen (Stäbe 3 A u. 3 B, S. 24 u. 25). Die Stufe muß so dick sein, daß sie noch verstemmt werden kann. Die gewöhnliche Parallellasche (Stäbe 1 A u. 1 B, S. 18 u. 19) nimmt den dritten u. letzten Rang der rein genieteten Konstruktionen ein

Werden die Laschen am Rand elektrisch mit dem Blech verschweißt, so ändert sich der Spannungszustand in der Weise, daß die Schweißnähte zur Hauptsache die Kraftübertragung von Blechen an Laschen und umgekehrt übernehmen, eine Bestätigung früherer Versuche [6]).

Die Feststellung der größern Biegungsspannungen bei Blechverbindungen mit Kehlnähten ist auf die Wirkung derselben, die Haftfläche zu verbiegen, zurückzuführen. Man vergleiche die Ausführungen zu Abb. 15, S. 12, hinsichtlich des elastischen und Abb. 29, S. 38, hinsichtlich des plastischen Zustandes. Der Verlauf der elastischen Linie wird durch die Wirkung der Kehlnähte beeinflußt. Die Profilmessungen (1 B', 2 A' usw., Abb. 6, S. 20, etc.) zeigen, wie sich das Biegungsmoment fortschreitend ändert. Diese Erkenntnisse konnten leicht auf dem Wege der Messung gewonnen werden, die Theorie hätte wohl nicht zum Ziele geführt.

Ergänzend ist zu sagen, daß dieser Sachverhalt an Modellstäben festgestellt wurde. Er kann aber praktisch, wie wir nachgewiesen haben, auf die Zylinderschalen der Kessel usw. übertragen werden. Hinsichtlich der Biegungsspannungen muß eine Verallgemeinerung dahin eingeschränkt werden, daß mit zunehmender Blechdicke die durch die Kehlnähte hervorgerufenen Biegungsspannungen in ihrer Größenordnung zurückgehen. Offenbar besteht ein Unterschied, ob es sich um dünnes Blech, solches von beispielsweise 10 mm, oder dickeres, solches von 30 mm, handelt. Bei dickem Blech ist die verbiegende Wirkung der Kehlnähte weniger zu befürchten.

Bleibende rel. Verschiebung (Gleiten) zwischen Blechen und Laschen tritt bei Stäben mit reiner Vernietung und ungestemmten Nieten und Rändern schon bei ganz geringer Belastung in die Erscheinung, in Bestätigung früherer Beobachtung. Dagegen wird die Verschiebung durch Kehlnähte bis zu hoher Belastung verhindert.

Bei rein vernieteten Stäben sind die äußersten Nieten (die ersten von der Blechseite her) am meisten belastet, übertragen die größten Teilkräfte.

Laschen.

Die Spannungspläne für die Längsschnitte (1 A, 1 B usw., S. 18 u. f., ferner 1 B', 2 A', S. 22 u. f.) zeigen, daß die Spannungen der Bleche bis zur Trennfuge der Blechhälften abnehmen, die Spannungen der Laschen gegen ihre Mitte hin zunehmen. An dieser Stelle, der Mittelebene, gehen sämtliche Kräfte durch die Lasche. Weil die Richtung des Kraftangriffes außerhalb der Laschen liegt, entstehen in Blechen und Laschen Biegungsmomente.

Tafel X.

Zusammenstellung der Spannungen in den Mittelschnitten (V) der Laschen.

kg/cm^2	Rein genietet		Mit Kehlnähten	
	Gewöhnliche Parallellasche			
σ_L gem.	1 A —	1 B —	2 A 343	2 B 271
σ'_L ger.	(286)	274	273	280
$\pm\,\sigma_b$ gem.	(1069)	1227	1042	1036
$\pm\,\sigma'_b$ ger.	(1470)	1416	1402	1416
$(\sigma_L + \sigma_b)$ gem.	(1355)*	1501*	1385	1307
$(\sigma'_L + \sigma'_b)$ ger.	(1756)	1690	1675	1696
	Parallellasche mit Randstufe			
σ_L gem.	3 A 236	3 B —	4 A 348	4 B 456
σ'_L ger.	272	272	273	273
$\pm\,\sigma_b$ gem.	1284	1372	1044	1179
$\pm\,\sigma'_b$ ger.	1400	1374	1375	1418
$(\sigma_L + \sigma_b)$ gem.	1520	1644*	1392	1635
$(\sigma'_L + \sigma'_b)$ ger.	1672	1646	1648	1691
	Gezackte Lasche			
σ_L gem.	5 A —	5 B —	6 A 331	6 B —
σ'_L ger.	270	255	271	271
$\pm\,\sigma_b$ gem.	1256	1108	931	900
$\pm\,\sigma'_b$ ger.	1370	1242	1347	1370
$(\sigma_L + \sigma_b)$ gem.	1526*	1363*	1262	1171*
$(\sigma'_L + \sigma'_b)$ ger.	1640	1497	1618	1641

( ) Reduziert im Verhältnis 5750 : 14750.
* unter Benützung von σ'_L.

Was die Normalspannungen σ_L der Laschen (Tafel X) anbelangt, so zeigen sich gewisse Abweichungen von den gerechneten Spannungen, σ_L', was auf die Unsicherheit der Messung zurückzuführen ist; die Nieten verursachen Ungleichmäßigkeiten in der Spannungsverteilung.

Zur bessern Beurteilung des Inhalts der Tafel vergleichen wir in der Zusammenstellung D die durch Messung festgestellten Gesamtspannungen $(\sigma_L + \sigma_b)$ mit den durch Rechnung erhaltenen $(\sigma_L' + \sigma_b')$ und berechnen auch den Quotienten $(\sigma_L + \sigma_b) : (\sigma_L' + \sigma_b')$. Wie früher erwähnt, ist σ_L' aus $P : F_L$ und σ_b' aus $M : W$ erhalten, wobei in $M = Ph$ der Hebelarm $h = (s_s + s_L) : 2$.

D. Zusammenstellung der durch Messung im Schnitt V der Laschen festgestellten Gesamtspannungen $(\sigma_L + \sigma_b)$ und der gerechneten $(\sigma_L' + \sigma_b')$.

Rein genietete Stäbe				Laschen mit Stirnnähten			
	$\sigma_L + \sigma_b$	$\sigma_L' + \sigma_b'$	$\dfrac{\sigma_L + \sigma_b}{\sigma_L' + \sigma_b'}$		$\sigma_L + \sigma_b$	$\sigma_L' + \sigma_b'$	$\dfrac{\sigma_L + \sigma_b}{\sigma_L' + \sigma_b'}$
	kg/cm²	kg/cm²			kg/cm²	kg/cm²	
1 A · 1 B	1428	1723	0,828	2 A · 2 B	1346	1685	0,799
3 A · 3 B	1582	1659	0,953	4 A · 4 B	1513	1669	0;907
5 A · 5 B	1444	1568	0,922	6 A · 6 B	1216	1629	0,747

Es zeigt sich, daß die mit Benützung eines Momentes $M = Ph$ gerechneten Gesamtspannungen in allen Fällen größer sind, als die durch Messung festgestellten. Um diese Feststellung noch von der Seite der ausschließlichen Biegungsmomente zu beleuchten, wollen wir auch diese zusammenstellen.

E. Zusammenstellung der durch Messung im Schnitt V der Laschen festgestellten Biegungsspannungen σ_b und der gerechneten σ_b'.

Rein genietete Stäbe				Laschen mit Stirnnähten			
	σ_b	σ_b'	$\dfrac{\sigma_b}{\sigma_b'}$		σ_b	σ_b'	$\dfrac{\sigma_b}{\sigma_b'}$
	kg/cm²	kg/cm²	%		kg/cm²	kg/cm²	%
1 A · 1 B	1148	1443	79,5	2 A · 2 B	1039	1409	73,8
3 A · 3 B	1328	1387	95,7	4 A · 4 B	1111	1396	79,6
5 A · 5 B	1182	1306	90,5	6 A · 6 B	915	1358	67,4

Die Zusammenstellungen D und E stimmen in der Beziehung überein, daß die durch Messung festgestellten Biegungsspannungen der Laschen kleiner als die gerechneten sind. Dieser Sachverhalt kann zunächst so begründet werden, daß die Stäbe sich in der Festigkeitsmaschine leicht durchfedern, die Laschen sich der Kraftrichtung nähern und das Biegungsmoment infolgedessen etwas zurückgeht. Wir wollen versuchen, dieser Frage durch die Rechnung näher zu treten. Das Moment, mit dem wir bis jetzt rechneten, das aber nur bei Beginn der Belastung des Stabes zutrifft, ist

$$M_1 = P h \tag{4}$$

worin $h = (s_s + s_L) : 2$, die Summe aus der halben Blech- und der halben Laschendicke. Mit zunehmender Belastung P federt der Stab durch (vgl. Abb. 10 und 11, S. 12). Der Hebelarm h wird um die Pfeilhöhe f der Durchfederung der Lasche vermindert, so daß das Moment genauer berücksichtigt wird durch

$$M_2 = P (h - f) \tag{5}$$

Aus der Festigkeitslehre ist die Durchfederung eines Stabes von der Länge l bekannt[7]). Mit den Bezeichnungen von Abb. 36 ist

$$y = \frac{h}{\mathfrak{Cof} \sqrt{\dfrac{P}{EJ}} \cdot l} \left(\mathfrak{Cof} \sqrt{\dfrac{P}{EJ}}\ x - 1 \right) \tag{6}$$

$\mathfrak{Cof}\, a$ ist die Hyperbelfunktion cosinus hyperbolicus a

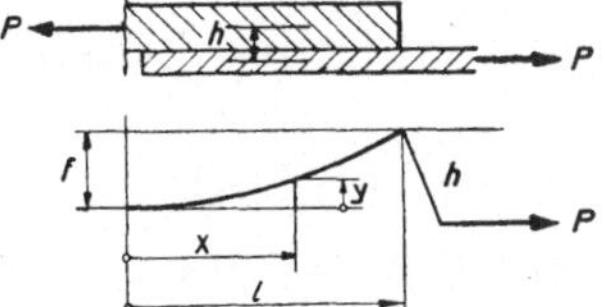

$$\mathfrak{Cof}\, a = \frac{e^{+a} + e^{-a}}{2}$$

für $x = l =$ halbe Laschenlänge ergibt sich der Pfeil f im Scheitel

$$f = \frac{h}{\mathfrak{Cof} \sqrt{\dfrac{P}{EJ}} \cdot l} \left(\mathfrak{Cof} \sqrt{\dfrac{P}{EJ}} \cdot l - 1 \right)$$

Abb. 36. Lasche auf exzentrischen Zug beansprucht.

Angenähert ist (durch Reihenentwicklung)

$$\mathfrak{Cof}\, a = 1 + \frac{a^2}{2!} + \frac{a^4}{4!} + \cdots$$

$$f \stackrel{\textstyle\backsim}{=} \frac{h}{1 + \dfrac{P}{EJ} \dfrac{l^2}{2} + \cdots} \left[\left(1 + \frac{P}{EJ} \frac{l^2}{2} + \cdots\right) - 1 \right]$$

$$f \stackrel{\textstyle\backsim}{=} \frac{P h\, l^2}{2\, EJ + P\, l^2} \tag{7}$$

4

und daraus

$$M_2 = P\,(h-f) = 2\,\frac{P\,h\,E\,J}{2\,E\,J + P\,l^2} \qquad (8)$$

Für die Verhältnisse unserer Versuchsstäbe (s_s rd. 1 cm, s_L rd. 1,5 cm) wird $M_2/M_1 \lessgtr 0{,}61$ d. h. das Moment am gespannten und daher durchgefederten Stab ist noch $61^0/0$ des ohne Durchfederung gerechneten $M_1 = Ph$. Die Zahl 0,61 ist etwas geringer als der Quotient σ_b/σ_b' der Zusammenstellung E, S. 48, der auch geschrieben werden kann $= M/M_1$, M das durch Messung ermittelte Moment. Die Werte der Quotienten σ_b/σ_b' bewegen sich gemäß Zusammenstellung E zwischen $67^0/0$ und $95^0/_0$. Würde an Stelle des bequem zu rechnenden M_1 das Moment M_2 als Vergleichsgrundlage gewählt, so wäre an Stelle von M_1 die angenäherte Größe $0{,}61 \cdot M_1$ einzusetzen. Es war einfacher, mit M_1 zu rechnen, hiezu war man berechtigt. Eine Uebereinstimmung mit dem durch Messung festgestellten Moment M ergibt sich weder mit M_1 noch mit M_2 als Vergleichsgrundlage. Die Unterschiede sind jedenfalls zum großen Teil der Ursache zuzuschreiben, daß nicht nur die Laschen, sondern auch die Blechenden verbogen werden. Die Biegungsspannungen des Blechs, die wir ja durch Messung festgestellt und in Zusammenstellungen B und C (S. 44 und 45) bekannt gegeben haben, konnten auf dem Wege der Rechnung nicht näher verfolgt werden. Es sei noch darauf hingewiesen, daß die Laschen, die am Rand mit dem Blech verschweißt sind, bei der Messung andere Biegungsmomente als die rein genieteten Laschen ergaben.

Nicht allein die Durchfederung der Stäbe ist eine Ursache des mit zunehmender Belastung verminderten Biegungsmomentes, es ist damit zu rechnen, daß die Nieten und bei verschweißten Laschen auch die Nähte einen Teil der Biegungsarbeit übernehmen, daher entfällt nur ein Teil der gesamten Biegungsarbeit, der größere immerhin, auf die Laschen. Es scheint, daß der Anteil der auf die Kehlnähte entfällt, größer ist als derjenige der Nieten. Dies ist der Zusammenstellung E zu entnehmen.

Wir haben eingangs die Biegungsspannungen im Blech, die beim Laschenrand auftreten, im Bild (35, S. 45) bekanntgegeben und festgestellt, daß dieselben in dem Falle ansteigen, daß die Laschen Stirnnähte haben. Der Sachverhalt ist also folgender: Stirnnähte am Laschenrand einseitig aufgebrachter Laschen belasten mit Bezug auf Biegungsspannungen das Blech und entlasten die Laschen, wobei das Verhältnis der Entlastung geringer ist als das der Belastung.

Beim Bruch hielten die Stäbe mit den Laschen mit Kehlnähten höhere Belastungen aus als die rein genieteten Stäbe, mehrfach brach das Blech, nicht die Laschenverbindung. Bei den rein genieteten Stäben wurden in allen den vorliegenden Fällen die Nieten abgeschert.

Allgemein wäre noch zu untersuchen, wie es sich mit den Biegungsspannungen bei Blech und Laschen eines Behälters, namentlich im zylindrischen Teil, verhält. Die Behälterwand wird durch Innendruck ausgestrafft, während ein Probestab in freier Luft federt oder sich durchbiegt. Im Hinblick darauf, daß der Flüssigkeitsdruck von geringer Größenordnung im Vergleich zu den Blechspannungen ist, kann geschlossen werden, daß die Ergebnisse der vorliegenden Versuche auch hinsichtlich der Behälterwand maßgebend bleiben. Wie eingangs erwähnt, verhalten sich die Dehnungen in Ringrichtung zu denjenigen in Meridianrichtung einer Zylinderschale wie 85 : 20.

8. Verhältnis von Laschendicke und Blechdicke.

Wir haben uns noch zu dieser Frage, eine der wichtigsten im Bau von Zellstoffkochern, zu äußern. Die Laschen unserer Versuchsstäbe waren rd. 1,5 cm dick gegen 1 cm Blechdicke. Fassen wir die Mittelwerte der Gesamtspannungen $\sigma_s + \sigma_b$ der Tafeln IX und X zusammen, so erhalten wir folgende Zahlen.

F. Zusammenstellung der durch Messung festgestellten
Gesamtspannungen an Blech und Laschen.

Rein genietete Stäbe			Laschen mit Stirnnähten		
Blech	Lasche		Blech	Lasche	
$\sigma_s + \sigma_b$	$\sigma_L + \sigma_b$	$\dfrac{\sigma_L + \sigma_b}{\sigma_s + \sigma_b}$	$\sigma_s + \sigma_b$	$\sigma_L + \sigma_b$	$\dfrac{\sigma_L + \sigma_b}{\sigma_s + \sigma_b}$
kg/cm²	kg/cm²		kg/cm²	kg/cm²	
1 A · 1 B 562	1428	2,54	2 A · 2 B 927	1346	1,45
3 A · 3 B 451	1582	3,51	4 A · 4 B 1009	1513	1,50
5 A · 5 B 451	1444	3,20	6 A · 6 B 859	1216	1,42

Wir ersehen, daß bei den oben gegebenen Dickenverhältnissen, die Gesamtspannungen in den Laschen bis auf das 3,5 fache derjenigen im Blech gehen, ein Zustand, der im Hinblick auf die Zellstoffkocher nicht befriedigt (bei der Berechnung von $\sigma_s + \sigma_b$ und $\sigma_L + \sigma_b$ wurde, da es sich vorerst um eine allgemeine Beurteilung des Festigkeitszustandes handelt, die Schwächung des Blechquerschnittes durch die Nietlöcher nicht berücksichtigt).

Ein besserer Ausgleich von Blechspannung und Laschenspannung ist anzustreben, er kann durch die Verminderung des Biegungsmomentes der Laschen erreicht werden, d. h. die Laschen sind dicker zu machen.

Wir bringen in der Tafel XII, Seite 54, die Verhältnisse einiger uns bekannter Zellstoffkocher, deren Laschen einseitig aufgenietet sind. Die Gesamtspannungen der Laschen sind berechnet gemäß

$$\sigma = \sigma_L + \sigma_b = \frac{P}{F} + \frac{M}{W} \qquad (9)$$

Für M stehen die Gleichungen (4) $M_1 = Ph$ oder (5) $M_2 = P(h-f)$, worin $h = (s_s + s_L):2 =$ halbe Summe von Blech- und Laschendicke, zur Verfügung. Für M_2 ist Gl. (8) zu berücksichtigen. Mit diesen Gleichungen sind einige Werte für σ_b der Laschenspannungen $\sigma = \sigma_L + \sigma_b$ in der Tafel XII berechnet worden.

Wir wollen diese Gleichungen noch etwas entwickeln. Auch soll bei der Ermittelung σ_b aus M_1 nicht der volle Wert von σ_b sondern, gestützt auf Zusammenstellung E nur $90\,\%$ davon berücksichtigt werden. Mit $M_1 = Ph$ folgt

$$\sigma = \frac{P}{bs_L} + 0{,}9\,P\,\frac{s_s + s_L}{2} : \frac{bs_L^2}{6} = $$

$$= \frac{P}{b}\left(\frac{1}{s_L} + 2{,}7\,\frac{s_s + s_L}{s_L^2}\right) \qquad 10)$$

Hinsichtlich der Zellstoffkocherwand ist P durch $DLp:2$ und die Stabbreite b durch L, die Länge des zylindrischen Teils zu ersetzen, so daß mit $a = D/2$ und $b = 1$

$$\sigma = \sigma_L + \sigma_b = \frac{ap}{s_L^2}\,(2{,}7\ s_s + 3{,}7\,s_L) \qquad 11)$$

Diese Spannung stellt den überhaupt erreichbaren Höchstwert dar.

Für die Benützung der zweiten Gleichung, $M_2 = P\,(h\!-\!f)$ erhält man mit $J = \dfrac{b\,s_L^3}{12}$ nach einiger Umformung aus den Gl. (8) und (9)

$$\sigma = \sigma_L + \sigma_b = \frac{ap}{s_L} + 3\,\frac{ap\,(s_s + s_L)\,s_L E}{s_L^3 E + 6\,ap\,l^2} \qquad 12)$$

l ist die halbe Breite der Lasche des betr. Kochers, vergl. Abb. 36, S. 49.

Der Anwendung der Gl. (11) und (12) zur Berechnung der Spannungen der Laschen der in Tafel XII angegebenen Zellstoffkocher steht nichts im Wege, da es bei Dampfkesseln üblich ist mit Spannungen (nicht mit reduzierten Spannungen) zu rechnen.

Mit dem Ausdruck gemäß Gl. (11) nehmen die gesamten Laschenspannungen σ der Kocher Tafel XII, S. 54, Werte von der Größenordnung 2170 kg/cm² (für Kocher 10) bis 3060 kg/cm² (für Kocher 2 und 3 an); man vergleiche Spalte 8. Die Werte für die übrigen Kocher liegen zwischen den angegebenen.

Mit dem Ausdruck gemäß Gl. (12) erhalten wir für die Laschenspannungen Werte $\sigma = 2260$ kg/cm² (Kocher 10) und 2920 kg/cm² (Kocher 2 und 3), die den nach Gl. (11) berechneten sehr ähnlich sind. Diese Werte sind in der Tafel Spalte 9 angegeben.

Wir wollen noch versuchen, die wirklichen Blechspannungen der betr. Behälter, wenigstens die Spannungen, die der Wirklichkeit besser entsprechen, als die theoretischen Zugspannnungen, zu erfassen. Hiezu muß erst ein geeignetes Verfahren ermittelt werden. Das einfachste sei vorgeschlagen, wenn es auch nur ein Näherungsverfahren ist. Es besteht in der Benützung der Zahlenwerte von Zusammenstellung B (S. 44), ausgedrückt durch den Quotienten

$$(\sigma_s + \sigma_b) : \sigma'_s = c. \qquad 13)$$

Hieraus wird die Gesamtspannung für das Blech $(\sigma_s + \sigma_b)$ ermittelt, σ'_s ist die theoretische Zugspannung $= P : F$, sie ist jedem Konstrukteur naheliegend; c ist von der Größenordnung 1,2 bis 1,5 für rein genietete Stäbe und 2,2 bis 2,6 für Laschen mit Stirnnähten. Die nach Gl. (13) berechneten Gesamtspannungen für das Blech sind hinsichtlich einiger Kocher in der Tafel XII angegeben (vgl. Spalte 7). Die Spannungen bewegen sich in den Grenzen 580 bis 850 kg/cm².

Tafel XII.
Verhältnisse einiger Zellstoffkocher.

1	2	3	4	5	6	7	8	9
No.	Betriebs-druck p	Blechdicke s_S	Laschen-dicke s_L	$\dfrac{s_L}{s_S}$	Innerer Halbmesser a	esamte Blech-spannung [1] $\sigma_S + \sigma_b$	Gesamte Laschen-spannung [2] $\sigma_L + \sigma_b$	Gesamte Laschen-spannung [3] $\sigma_L + \sigma_b$
	kg/cm²	cm	cm		cm	kg/cm²	kg/cm²	kg/cm²
1	5,5	2.9	2,9	1,0	212,5	580	—	–
2	6,0	2,8	3,25	1,16	275	672	3060	2920
3	6,0	2,8	3,25	1,16	275	672	3060	2920
4	6,0	2,8	3,5	1,25	275	850	—	–
5	5,5	2,7	3,25	1,204	280	650	—	—
6	5,5	2,7	3,25	1,204	290	673	—	–
7	5,5	2,7	3,25	1,204	290	673	—	—
8	5,5	2,7	3,25	1,204	290	673	–	—
9	5,5	2,7	3.25	1,204	290	673	—	–
10	5,5	3,1	4,2	1,355	290	740	2170	2260

[1] $\sigma_S + \sigma_b = c\,\dfrac{ap}{s_S}$, c gemäß Tafel B, S. 44.

[2] $\sigma_L + \sigma_b = \dfrac{ap}{s_L^2}\,(2{,}7\,s_S + 3{,}7\,s_L)$.

[3] $\sigma_L + \sigma_b = \dfrac{ap}{s_L} + 3\,\dfrac{ap\,(s_S + s_L)\,s_L\,E}{s_L^3\,E + 6ap\,l^2}$

l ist halbe Laschenbreite.

Bei den Kochern 1 und 10 bestand das Blech aus Sorte I, bei den übrigen aus Sorte II.

Die Tafel beweist, daß für die Laschenspannungen 'sehr hohe Werte bestehen, in den meisten Fällen ist die Elastizitätsgrenze überschritten. Schlimmer wird es noch, wenn man die Schwächung der Lasche in der ersten (innersten) Nietreihe und gleichzeitig den Druck der Wasserdruckprobe berücksichtigt. Die Spannungen steigen dann bis 6000 kg/cm² und darüber, bei denen längstens Brüche eingetreten wären.

Zur Beurteilung der Werte über die Gesamtspannungen der Laschen in Spalten 8 und 9 der Tafel XII ist zu bemerken, daß die Gleichungen (11) und (12), womit die Spannungen berechnet wurden, im elastischen Bereich des Materials gelten. Die betr. Laschen sind aber ohne Ausnahme bleibend durchgebogen. Da sich in diesem Zustand die Schwerpunkte der Laschen gegen die Linie des Kraftangriffes verschieben, nimmt das Moment ab. Anderseits übernehmen Nieten und Schweißnähte einen Teil des Biegungsmomentes.

Alle diese Einflüsse können durch die Rechnung nicht erfaßt werden, weder durch Gleichung (11) unter Anwendung des maximalen Momentes $M_1 = Ph$ mit Berücksichtigung eines vermindernden Faktors, noch durch die Rechnung nach der theoretisch besser berechtigten Gl. (12) mit $M_2 = P(h-f)$.

Als praktische Anzeichen dafür, daß die Laschen verbogen sind, kann man häufig Streckfiguren an der Aussenseite beobachten. Der Verfasser hat bei der Kontrolle von Zellstoffkochern, die des innern Mauerwerks entledigt waren, festgestellt, daß die Anfressungen in der Nähe von Längsnähten am häufigsten und größten sind, ein Zeichen dafür, daß das Mauerwerk an diesen Stellen am meisten „arbeitet" und demzufolge rissig wird.

Die Frage der Ausbiegung einseitig aufgebrachter Laschen von Kocherwänden ist heute noch nicht genügend abgeklärt. Daß die Laschen meistens zu dünn gehalten werden, kann, im Hinblick auf die vorliegenden Ausführungen, als erwiesen gelten.

Bei explodierten Zellstoffkochern, soweit sie zu unserer Kenntnis gelangt sind, brachen die Laschen nie allein, meistens zeigte sich ein verzweigtes System von Bruchlinien (vgl. Abb. 54, Abschn. III). Stets aber waren auch die Laschen gebrochen, nicht nur Längs-, sondern auch Rundlaschen. Man vergleiche die Ausführungen über Wärmedehnungen des Mauerwerks, Abschnitt III.

Der Verfasser betrachtet eine 1,5fache Blechdicke als das mindeste, die für eine einseitige Lasche verlangt werden kann, es würde sich empfehlen, noch weiter zu gehen. Auch dann gelingt es kaum, die Laschenspannungen innerhalb der elastischen Grenze zu halten. Mit der Anwendung dünnerer Laschen wird das Gesetz, das im Kessel- und Behälterbau maßgebend ist, die Elastizitätsgrenze nicht zu überschreiten, verletzt (hinsichtlich dieser Grenze wird mindestens zweifache Sicherheit verlangt).

Trotz dicker Laschen, die die Verwendung langer Nieten erfordern, sollte die Vernietung noch möglich sein. Bei der heutigen Werkstattechnik bietet das Anfertigen schwerer Laschen keine besondern Schwierigkeiten. Die Laschen sind am Rand als Stufe abzusetzen (schwieriger wäre es, mehrere Stufen zu berücksichtigen). Eine breite Stufe kann zudem ausgezackt werden; diese Form stellt, wie wir früher sahen, die zweckmäßigste dar, weil die Biegungsspannungen im Blech und in den Laschen geringer sind als in den andern Fällen.

In der Abb. 37 sind einige Laschen mit mehreren Nietreihen in Ansicht und Querschnitt dargestellt, die Ränder sind stufenweise abgesetzt.

Es sei noch darauf hingewiesen, daß für das Material der Laschen, das durch Überspannungen verstreckt worden ist, die Gefahr der Alterung besteht, auch wenn, wie bei Zellstoffkochern, die Blechtemperatur praktisch $100^0\,C$ nicht erreicht.

Das Verschweißen der Laschenränder ist im allgemeinen nur für dicke Bleche, beispielsweise für solche über 20 mm, anwendbar, weil sonst die Biegungsspannungen im Blech zu stark ansteigen. Schalen mit derartigen Laschen sind viel starrer als rein genietete Schalen. Daß gerade bei Zellstoffkochern eine gewisse Nachgiebigkeit

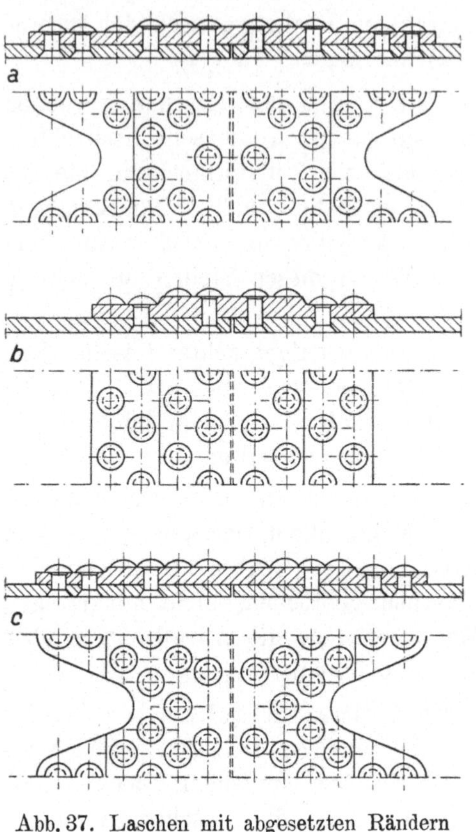

Abb. 37. Laschen mit abgesetzten Rändern und mehreren Nietreihen.

der Konstruktion erwünscht ist, wird in Kap. 16 (S. 77 u. f.) nachgewiesen. Die Nachgiebigkeit der Nietung ist zwar nur sehr gering.

Die überlappte Vernietung und das damit verbundene Ausspitzen der Bleche wird man künftig als veraltet und unzweckmäßig zurückweisen.

Die Anwendung dicker Laschen erhöht die Kosten der Herstellung der Zellstoffkocher, sie verbürgt anderseits größere Sicherheit und diese ist anzustreben.

9. Material und Berechnung.

Material. Im Hinblick auf die starken örtlichen Beanspruchungen, welchen Zellstoffkocherschalen beim Betrieb ausgesetzt sind (man vergleiche Abschnitt III), kann die Verwendung weichen und zähen Materials (Sorte I) empfohlen werden.

Berechnung. Der zylindrische Teil der Schale wird nach der im Behälterbau üblichen Formel

$$\text{Nietreihe I} \qquad\qquad s = \frac{D\,p\,x}{200\,K\,z_1} + 1 \qquad \text{(mm)} \qquad (14)$$

berechnet, worin D den Innendurchmesser in mm, p den Betriebsdruck in kg/cm², K die Blechfestigkeit in kg/mm² bedeuten, x und z können nach dem persönlichen Ermessen des Verfassers wie folgt bewertet werden:

Die Kocher gemäß Tafel XII sind mit einer mindestens 4,75-fachen, höchstens 6fachen Sicherheit berechnet worden, die meisten unter ihnen mit einer 5,2fachen. Mit diesen Kochern hat man Erfahrung und dies ist ein Grund dafür, auch für die Zukunft x = 5,2 oder = 5,25 zu nehmen.

Sind die Laschen eines Kochers ausgezackt, so darf man gemäß den Ergebnissen unserer Versuche mit der Sicherheitszahl etwas zurückgehen.

Das Festigkeitsverhältnis ist

$$z_1 = (t_1 - d) : t_1 \qquad\qquad z_2 = (t_2 - d) : t_2$$

worin t die Teilstrecke von Niete zu Niete und d der Nietlochdurchmesser. Die Zahlen 1 und 2 nehmen auf die Nietreihe 1 bzw. 2 von der Blechseite her Bezug. Für die Laschen rechnet man 1 und 2 von der Laschenmitte aus.

Wegen der Mitwirkung der Nieten der ersten Nietreihe kann die Blechdicke außerdem nach Gl. (15) berechnet werden.

Nietreihe II (unter Berücksichtigung von einschnittigen Nieten in Reihe I):

$$s = \frac{D\,p\,x}{200\,K\,z_2} - \frac{t_2}{t_1}\,\frac{x\tau}{K\,(t_2 - d)}\,\frac{\pi d^2}{4} + 1 \qquad \text{(mm)} \qquad (15)$$

Man vergleiche frühere Ausführungen des Verfassers[8]).

Für den Wert τ kann eingesetzt werden

τ für einschnittig beanspruchte Nieten von Längsnähten 6 kg/mm²

τ für einschnittig beanspruchte Nieten von Rundnähten 6,5 „

τ für ein- und zweischnittig beanspruchte Nieten von
Längs- und Rundnähten bei Doppellaschen . . 7 „

Bei den Rundnähten sollte die Spannung σ_1 im Blech zwischen den Nietlöchern höchstens 65 % der Spannung σ_2 im Blech zwischen den Nietlöchern der Längsnähte erreichen.

II. Die Scherfestigkeit von Nieten.

10. Veranlassung.

Versuche zur Feststellung der Kräfte, durch welche Nieten abgeschert werden, sind in spärlichem Umfang bekannt geworden[9]). Es schien erwünscht, noch einige Versuche vorzunehmen. Mit zwei Vorrichtungen, wovon eine in Abb. 38 dargestellt ist, konnten Bolzen von 26 mm und 35 mm Durchmesser zweischnittig abgeschert wer-

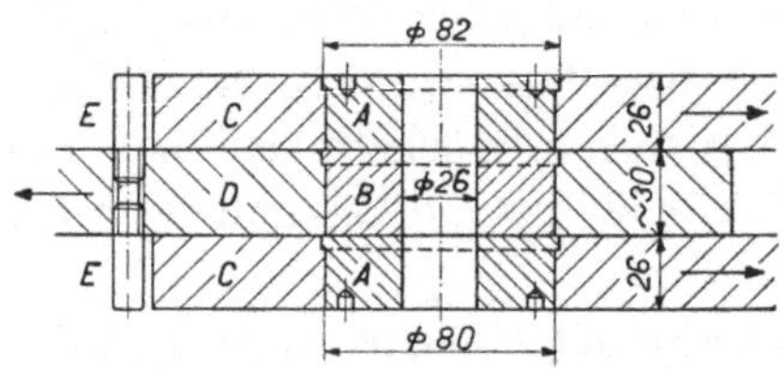

Abb. 38. Vorrichtung zum Abscheren von Zylinderbolzen von 26 mm Durchmesser.

den. Die Schermesser A und B sind aus gehärtetem Stahl, die Schrauben E dienen zum Anbringen von Instrumenten zur Messung der Verschiebung. Beide Vorrichtungen sind uns von der Firma Ewald Berninghaus in Duisburg kostenlos geliefert worden; wir möchten ihr an dieser Stelle unsern Dank dafür aussprechen.

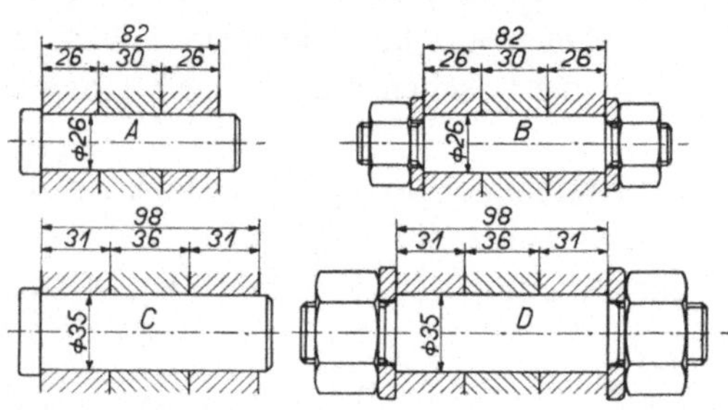

Abb. 39—40. Bolzen von 26 mm Durchm., A u. B.
Abb. 41—42. Bolzen von 35 mm Durchm., C und D.

Wir haben uns auf die Untersuchung von Eisen- und Kupferbolzen beschränkt; sie sind in Abb. 39—40 und 41—42 dargestellt; sie wurden aus Stangen von 30 mm und 40 mm herausgedreht. Die Verschraubungen der Bolzen B und D traten an die Stelle der Nietköpfe (die Unterlagscheiben waren nicht klemmend angezogen). Jeder Bolzen ist in zwei gleichen Stücken 1 und 2 geprüft worden.

11. Die Versuchsergebnisse.

Hand in Hand mit den Versuchen über die Scherfestigkeit gingen solche über die Zug-, Druck- und Verdrehungsfestigkeit, mit gleichzeitiger Bestimmung des Elastizitäts- bzw. des Gleitmoduls. Die Ergebnisse sind in Tafel XIII angegeben. Die Zugfestigkeit ist aus $k = Q : F_o$ berechnet worden, worin F_o der Anfangsquerschnitt, Q die Bruchbelastung, die Streck- bzw. Quetschgrenze aus $P : F$. Die Verdrehungsfestigkeit folgt

aus $k_d = \dfrac{16\,M_d}{\pi\,d^3}$, der Gleitmodul aus $G = \dfrac{32\,M_d}{\pi\,d^4\,\delta}$, worin δ der

Verdrehungswinkel zweier um 1 cm von einander abstehender Stabquerschnitte, unter der Einwirkung von M_d, gemessen in cm als Bogen vom Halbmesser 1 cm.

Tafel XIII.
Zug-, Druck und Torsionsfestigkeit der Eisen- und Kupferstäbe.

	Eisen		Kupfer I		Kupfer II
Zugfestigkeit:					
Durchmesser cm	2,0	2,8	2,0	2,8	2,0
Proportionalitäts- grenze kg/cm²	3000	2710	1770	1460	—
Streckgrenze „	3310	2760	2400	2350	2100
Bruch k_z „	4280	3750	2770	2580	3770
Dehnung λ (10 d) $^0/_0$	24,8	29,7	15,5	18,2	30,7
Kontraktion φ $^0/_0$	68,0	66,0	70,0	71,0	71
Elastizitätsmodul E kg/cm²	$2,055 \cdot 10^6$	$2,08 \cdot 10^6$	$1,077 \cdot 10^6$	$0,965 \cdot 10^6$	—
Gütezahl $k_z\lambda/100$ cm/t	1,06	1,11	0,43	0,47	1,16
Druckfestigkeit:					
Durchmesser cm	3,28	4,18	3,0	4,0	
Proportionalitäts- grenze kg/cm²	2740	2210	1650	1530	
Quetschgrenze „	2860	2320	2160	2280	
Elastizitätsmodul E „	$2,04 \cdot 10^6$	$2,06 \cdot 10^6$	$1,18 \cdot 10^6$	$1,135 \cdot 10^6$	
Torsionsfestigkeit:					
Durchmesser cm	2,0	2,0	2,0	2,0	
Proportionalitäts- grenze kg cm²	1664	1536	608	608	
Fließgrenze „	2048	1856	2020	3040	
Bruch k_d „	5280	4780	3000	2900	
max. Moment M_d cm/kg	8260	7510	4680	4550	
Gleitmodul G kg/cm²	$0,838 \cdot 10^6$	$0,862 \cdot 10^6$	$0,43 \cdot 10^6$	$0,51 \cdot 10^6$	

Das Kupfer I war reines Elektrolytkupfer, hart gezogen[10]), daher die etwas geringe Dehnung. In beschränktem Umfang haben

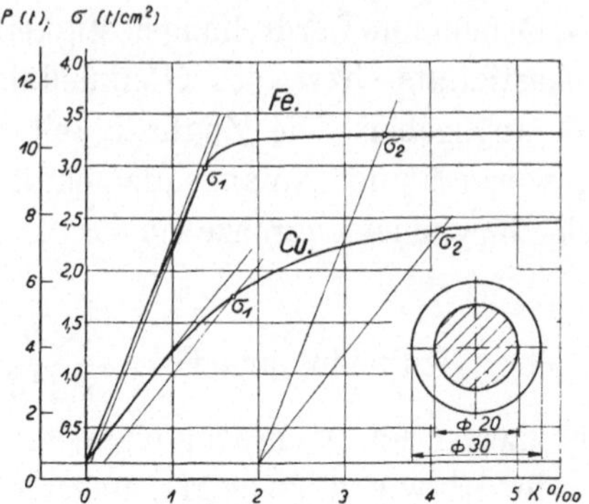

Abb. 43. Zugdehnungsdiagramme für Eisen
30 mm und Kupfer I 30 mm der Tafel XIII.

wir auch eine Mangankupferlegierung II (94 °/o Kupfer und 6 °/o Mangan), die für die Stehbolzen kupferner Lokomotiv-Feuerbüchsen Verwendung findet, geprüft. Abb. 43 zeigt die Zugdehnungsdiagramme im Bereich bis zur Streckgrenze für Stäbe von 20 mm Durchmesser, den 30 mm Stangen entnommen für Eisen (Fe) und Kupfer I (Cu), Abb. 44 die Verdrehungsdiagramme.

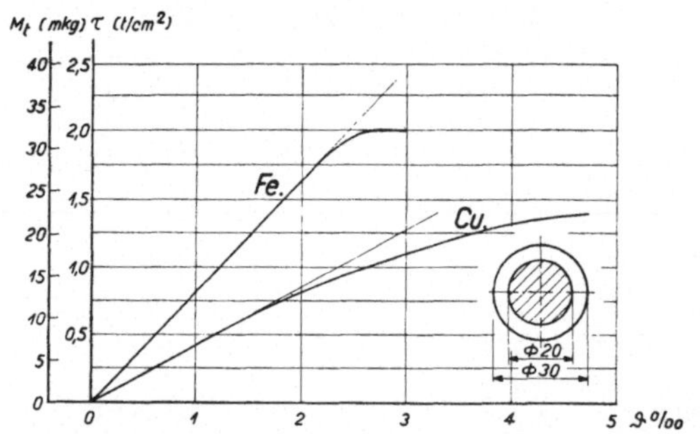

Abb. 44. Verdrehungsdiagramme für Eisen 30 mm
und Kupfer I 30 mm der Tafel XIII.

Tafel XIV enthält die Ergebnisse unserer Scherversuche. h ist der Verschiebungsweg eines Messers hinsichtlich des andern bei der Abscherung.

Tafel XIV. Ergebnisse der Scherversuche.

	Eisen						Kupfer I					
	d mm	$2\,F_0$ cm²	Q t	k_S kg/cm²	h mm	A t · cm	D mm	$2\,F_0$ cm²	Q t	k_S kg/cm²	h mm	A t · cm
A_1	25,9	10,54	34,2	3240	6,84	17,40	25,9	10,54	—	–	—	—
A_2	25,9	10,54	35,0	3320	5,97	15,70	25,9	10,54	18,75	1780	8,88	15,20
Mittel				3280	6,40	16,55				1780	8,88	15,20
B_1	25,9	10,54	33,8	3200	7,12	18,60	25,9	10,54	19,3	1830	8,65	15,70
B_2	25,9	10,54	32,9	3120	9,43	17,10	25,9	10,54	18,75	1780	9,92	16,90
Mittel				3160	8,27	17,85				1805	9,28	16,30
C_1	34,6	18,80	54,8	2910	9,74	41,40	34,6	18,80	33,7	1790	10,23	30,90
C_2	34,6	18,80	54,8	2910	9,71	41,50	34,6	18,80	34,1	1810	10,98	33,60
Mittel				2910	9,73	41,45				1800	10,60	32,25
D_1	34,6	18,80	55,1	2930	11,8	51,60	34,6	18,80	33,3	1770	8,50	23,90
D_2	34,6	18,80	54,3	2890	11,77	50,40	34,6	18,80	33,2	1760	10,19	29,90
Mittel				2910	11,8	51,00				1765	9,34	26,90
							Kupfer II					
A_3							25,9	10,54	29,3	2780	6,9	15,25
A_4							25,9	10,54	29,3	2780	8,2	18,15
Mittel										2780	7,6	16,70

Scherfestigkeit k_S.

Die Scherfestigkeit k_S ist gemäß Tafel XIV (berechnet aus $k_S = Q/2\,F_0$, worin F_0 der ursprüngliche Querschnitt) für das Eisen der 30 er Stangen 3120—3320 kg/cm², der 40 er Stangen rd. 2910 kg/cm², sie war für die Nieten der Versuchsstäbe gemäß Tafel VII (S. 35), 3250 bis 3480 kg/cm². Für das Kupfer I der 30 er Stangen ist k_S 1780 bis 1830 kg/cm², der 40 er Stangen 1760 bis 1810 kg/cm², für Stehbolzenkupfer (II) ist $k_S = 2780$ kg/cm².

Werden die Werte der Tafeln XIII und XIV in Vergleich gestellt, so ergibt sich die Zusammenstellung K.

Zusammenstellung K. Verhältniswerte.

	Eisen			Kupfer I		
	$\dfrac{k_s}{k_z}$	$\dfrac{k_s}{k_d}$	$\dfrac{h}{d} \cdot 100\,\%$	$\dfrac{k_s}{k_z}$	$\dfrac{k_s}{k_d}$	$\dfrac{h}{d} \cdot 100\,\%$
A	0,766	0,62	25	0,641	0,592	34
B	0,739	0,598	32	0,650	0,600	36
C	0,776	0,608	28	0,698	0,620	30
D	0,776	0,608	34	0,682	0,606	27
				Kupfer II		
A				0,736	0,593	29

Diese Zusammenstellung enthält das Ergebnis, daß für zähes Eisen die Scherfestigkeit k_s 74—78 % der Zugfestigkeit k_z ist, in großer Übereinstimmung mit der Theorie, nach welcher 75—80 % zu erwarten sind. Die Verhältniszahlen für $k_s : k_z$ sind geringer bei Hartkupfer, ungefähr gleich groß bei Stehbolzenkupfer. Von Wichtigkeit ist noch das Verhältnis Scherfestigkeit k_s : Verdrehungsfestigkeit k_d, die Werte sind in der Zusammenstellung K angegeben, wobei k_s auf den ursprünglichen Querschnitt $(Q : 2\,F_0)$ bezogen wird.

Bei den Scherversuchen ist der Verschiebungsweg h der Schermesser für Eisen im Augenblick des Bruches 25 bis 34 % des ursprünglichen Durchmessers, ungefähr ebensoviel für Kupfer (die Bruchflächen F_b sind hinsichtlich ihrer Grösse in Abb. 45—48 gezeigt). Die verschraubten Modelle B und D unterscheiden sich in ihrem Verhalten nicht sehr von den gewöhnlichen Zylinderbolzen A und C.

Während in Tafel XIV die Scherfestigheit k_s, bezogen auf den ursprünglichen Querschnitt F_0 angegeben ist, wollen wir in der Zusammenstellung L noch die Scherfestigkeit k'_s bezogen auf die Bruchfläche F_b, die zuletzt plötzlich durchgeschert wurde, angeben $(k'_s = Q : 2\,F_b)$. Die Bruchflächen sind, wie bemerkt, in den Abb. 45 bis 48 der Größe nach angegeben.

Zusammenstellung L.
Scherfestigkeit k'_s bezogen auf die Bruchfläche (F_b).

	Eisen			Kupfer I		
	Q t	$2\,F_b$ cm²	k'_s kg/cm²	Q t	$2\,F_b$ cm²	k'_s kg/cm²
A_1	34,2	7,02	4870	—	—	–
A_2	35,0	7,38	4740	18,75	6,00	3125
B_1	33,8	6,84	4940	19,30	6,10	3165
B_2	32,9	5,74	5730	18,75	5,50	3410
Mittel	–	—	5070	—	–	3230
C_1	54,8	12,08	4540	33,7	11,80	2855
C_2	54,8	12,08	4540	34,1	11,24	3035
D_1	55,1	10,76	5120	33,3	12,92	2580
D_2	54,3	10,82	5020	33,2	11,82	2810
Mittel	—	—	4805	—	—	2820
				Kupfer II		
A_3	. . . .			29,3	7,04	4160
A_4	. . . .			29,3	6,36	4610
Mittel	. . . .			—	—	4380

Die Zusammenstellung zeigt das Bemerkenswerte, daß
sich die Zahlen für k'_s denjenigen der Verdrehungsfestigkeit k_d Tafel XIII nähern.

Arbeit der Abscherung.

Die Abb. 45—48 bringen die Belastungs-Verschiebungsdiagramme.
In Ordinatenrichtung ist die Belastung P, in derjenigen der Abszissen
die Verschiebung h eines Schermessers hinsichtlich des andern angegeben (eine Korrektur wegen der elastischen Dehnung der Meß-
vorrichtung konnte vernachlässigt werden). Der Inhalt der Dia-
grammfläche ist gleich der bei der Abscherung geleisteten Arbeit,
die Werte hiefür sind in Tafel XIV angegeben.

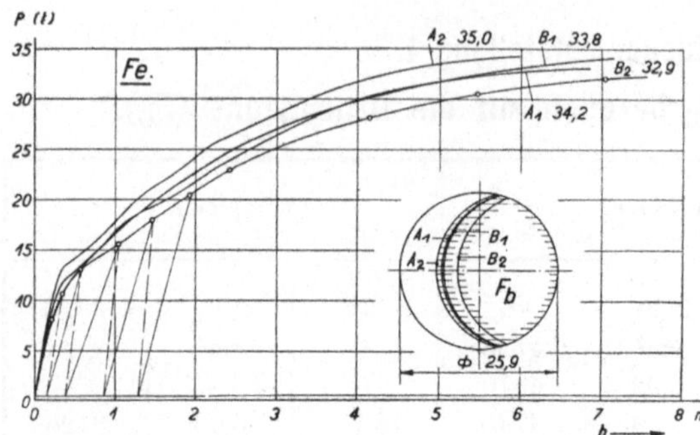

Abb. 45. Belastungs-Verschiebungsdiagramme für Bolzen A B aus Eisen.

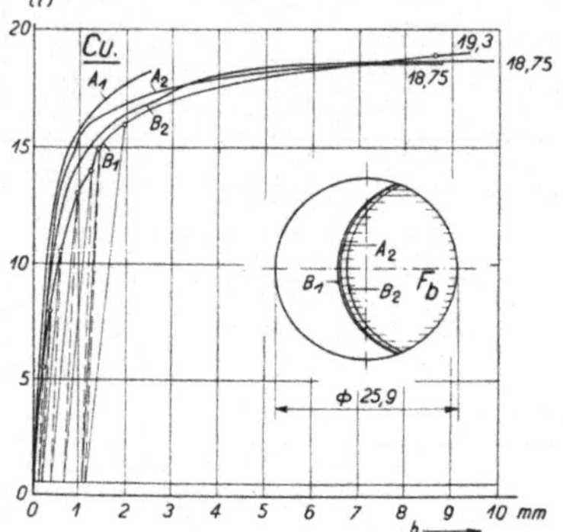

Abb. 46. Belastungs - Verschiebungsdiagramme für Bolzen A B aus Kupfer I.

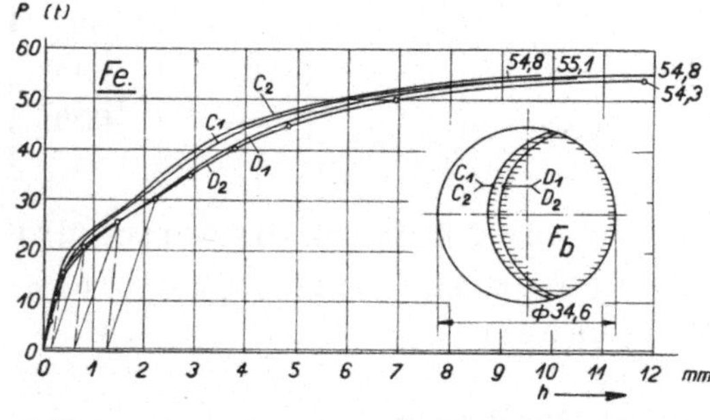

Abb. 47. Belastungs-Verschiebungsdiagramme für Bolzen C D aus Eisen.

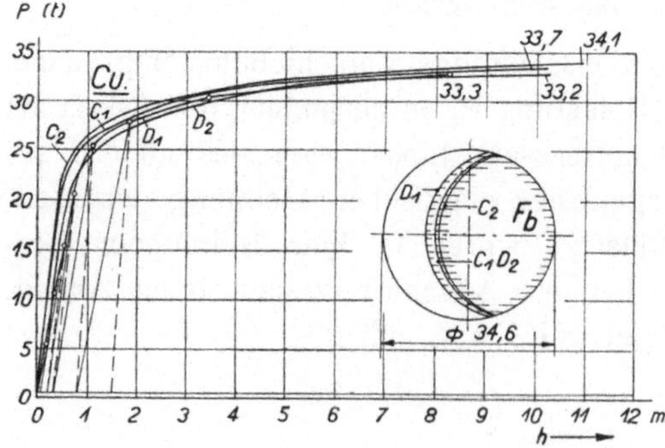

Abb. 48. Belastungs-Verschiebungsdiagramme für Bolzen C D aus Kupfer I.

Die Belastungs-Verschiebungsdiagramme für das Stehbolzen-kupfer II liegen der Form nach zwischen denjenigen von Abb. 45 und 46; wir glauben auf die Wiedergabe verzichten zu können.

Bei mehreren Diagrammen, namentlich für Eisen, zeigt sich kurz nach dem Beginn der Belastung ein Knick. Im Mittel ist die Arbeit auf 1 cm² des ursprünglichen Querschnittes $A : 2 F_0$ bei den Stäben

	cm kg/cm²		cm kg/cm²		cm kg/cm²
A B Eisen	1630	A B Kupfer I	1510	A Kupfer II	1580
C D Eisen	2450	C D Kupfer I	1570		

Die Arbeit sollte eher auf die abgescherten Flächen bezogen werden. Durch die vier schneidenden Kanten der zwei Schermesser entstehen 4 Kreissicheln S. Die Arbeit auf 1 cm² durchgescherter Fläche wird somit durch den Ausdruck $A : 4 S$ erhalten. Die Werte sind im Mittel

	cm kg/cm²		cm kg/cm²		cm kg/cm²
A B Eisen	2265	A B Kupfer I	1700	A Kupfer II	2170
C D Eisen	3130	C D Kupfer I	2160		

Die Scherwege h sind in Abb. 45—49 und in Tafel XIV bekannt gegeben; die Verhältniswerte h/d in Zusammenstellung K, der geringste Weg ist $25\,^0/_0$, der größte $36\,^0/_0$ von d.

Die Elastizität

des Materials ist bei der Abscherung gering. Es ist bemerkenswert, daß bleibende Verschiebungen vom Beginn der Belastung an sich zeigen. In den Abb. 45—48 läßt sich dies am zickzackförmigen Gang der Belastungs- und Entlastungslinien, die jeweils für einen der verschiedenen Bolzen der nämlichen Abbildung aufgezeichnet sind, verfolgen. Bei 5 t oder $\tau = P : 2 F_0 = 470\,\text{kg/cm}^2$ ist z. B. bei den Stäben A B (Eisen), Abb. 45, bleibende Verschiebung schon deutlich erkennbar, während das Material für die 30er Stäbe (Eisen) z. B. eine Proportionalitätsgrenze für Zug von 3000 kg/cm², für Verdrehung von 1664 kg/cm² aufweist. Man vergleiche die Zugdehnungs- und Torsionsdiagramme Abb. 43 und 44 mit den Abb. 45 und 46. Bei den grossen Eisenbolzen C D mit rd. 35 mm Durchmesser beginnt die bleibende Durchscherung bei einem $\tau = 800$ kg/cm² (Mittelwert).

Dieser Sachverhalt läßt sich damit erklären, daß die den Scherflächen benachbarten Metallteile zusammengesetzte Spannungen erleiden. Beim Beginn der Scherung wird vermutlich die Proportionalitätsgrenze für den Druck, den die Schermesserflächen auf die betr. Bolzenflächen ausüben, schon bei sehr geringem Abscherungsweg überschritten. Abb. 49 zeigt den durchgescherten Eisenbolzen A_1. — Die Frage entsteht, ob nicht die

Reibung

von gewisser Bedeutung sei, so daß unsere Angaben durch ihre Wirkung getrübt werden. Die Reibung zwischen den bewegten Teilen der Schervorrichtung fällt, wie die Untersuchung gezeigt hat, außer Betracht, nur diejenige zwischen Schermessern und Metall tritt in Frage. Bestimmtes kann nicht ausgesagt werden. Die Schermesser sind geschmiert worden. Bei dem geringen Flächeninhalt der abgescherten Sichelstücke S kann der Einfluß der Reibung nicht von Belang sein.

Bleibende Verformungen.

Der durchgescherte und dabei bleibend verformte Bolzen A_1 (Eisen) ist in Abb. 49 dargestellt. Die abgescherten Flächen sind leicht schräggestellt, darin erkennt man die Wirkung der Biegung, die unzertrennlich mit dem Abscherungsvorgang verbunden ist; die Abbiegung ist aber gering.

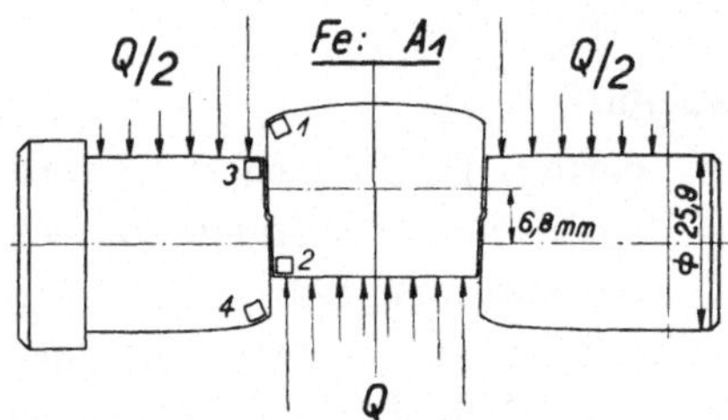

Abb. 49. Bleibend verformter Bolzen A_1, Eisen.

Der Fall reiner Biegung ist in Abb. 50 dargestellt. Abb. 51 ist die Momentenfläche, Abb. 52 die Querkraftfläche. Das max. Moment M_b betrifft den Mittelschnitt und berechnet sich

$$M_b = \frac{P}{2} \left(\frac{a}{2} + \frac{b}{2} - \frac{b}{4} \right) = P \left(\frac{a}{4} + \frac{b}{8} \right) \qquad 16)$$

Um in die Verhältnisse Einblick zu nehmen, sei ein Zahlenbeispiel durchgeführt. Der Stab A_1 (Eisen) ist mit $Q = 34{,}2$ t durchgeschert worden. Setzen wir P von Gl. 16) $= Q$ und nehmen

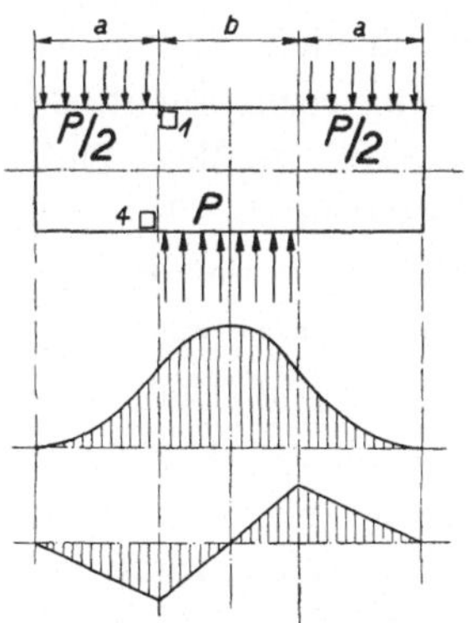

Abb. 50. Auf Biegung beanspruchter Stab.
Abb. 51. Momentenfläche.
Abb. 52. Querkraftfläche.

für a gemäß Abb. 39—40 26 mm, für b rd. 30 mm und im Widerstandsmoment $\pi d^3/32$ d $= 25{,}9$ mm, so ergibt sich in $k_b = M/W$ eine Biegungsfestigkeit, die das rd. 4fache der für das Material möglichen wird. Daraus läßt sich schliessen, daß das Biegungsmoment M_b, das der Abb. 50 entsprechend gemäß Gl. 16) gerechnet wurde, zu groß ist. Offenbar ist die fortlaufende Belastung über den Bolzen bei der Abscherung nicht konstant, d. h. nicht so, wie in Abb. 50 gezeigt, sondern die Belastung nimmt gegen die Schnittflächen zu, wie in Abb. 49 angedeutet.

Im Falle reiner Biegung ist der Verlauf der elastischen Linie gegeben, sei es, daß der Bolzen frei aufliegt wie in Abb. 50 oder daß er an den Enden eingespannt ist (Niete mit Köpfen). Die freie Verformung ist die Bedingung dafür, daß die Bolzenachse die Gestalt einer elastischen Linie annimmt. Bei der Abscherung, dem Fall unserer Versuche, ist diese Bedingung aber nicht erfüllt, sondern die an den Schermesserwänden anliegenden Bolzenteile werden von den Schermessern zwangläufig parallel zur ursprünglichen Achse verschoben.

Für die Biegung der Bolzen ist es von Bedeutung, wenn das Material der Bolzen und die Lochwände, an denen die Bolzen anliegen, so beschaffen ist, daß es sich verformen kann. Dies trifft für gewöhnliches Kesselblech, namentlich Sorte I zu, dann können sich die Bolzen bis zu einem gewissen Grad durchbiegen[11]). Dies war bei den gehärteten Schermessern der Vorrichtungen unserer Versuche ausgeschlossen.

Weitere Schlüsse in der Erörterung des Spannungszustandes eines Bolzens bei der Abscherung können aus dem Vergleich der Abb. 49 und 50 gezogen werden. Die mit 1 bis 4 bezeichneten kleinen Quadrate seien kleine Würfel, deren Symmetrieebenen mit derjenigen des Bolzens zusammenfallen. Das Element 1, Abb. 50, ist im Fall freier Biegung in Achsrichtung gezogen, Element 4 auf Druck beansprucht. Auf das Element 1 des Bolzens Abb. 49 wirken bei der Abscherung Zugspannungen ein wie bei demjenigen von Abbild. 50. Dagegen ist Element 4, Abb. 49, auf Zug beansprucht, das zeigt sich an der Verformung des Bolzens an dieser Stelle. Diese Feststellung steht im Widerspruch mit den Gesetzen der Biegung. Es ist anzunehmen, daß auch die Elemente 2 und 3 des Bolzens Abb. 49 in Achsrichtung auf Zug beansprucht worden sind, weil sie bei der Durchscherung den Elementen 1 und 4 unmittelbar benachbart waren. Diese Zugwirkung zeigte sich übrigens an einer leichten Abplattung der abgescherten Stücke bei den Stellen 2 und 3.

Da die Scherflächen der Bolzen wie in Abb. 49 gezeigt, auf eine wenn auch nur leichte Verbiegung derselben schliessen lassen, so sind dies offenbar elastische Nachwirkungen, herrührend von den Bolzenteilen, die in der Nähe der Quer-Mittelebene (bei Q) liegen. Diese Teile waren am wenigsten verquetscht, behielten am meisten ihre elastische Wirkung bei. Die Kontrolle der Bolzen hat denn auch ergeben, daß sie in achsialer Richtung nach der Abscherung um 1 bis 2 mm gegenüber dem ursprünglichen Zustand gestreckt waren. Während der Abscherung fand eine Durcharbeitung des Materials in plastischem Zustand statt, die weiter nicht zergliedert werden kann.

Wir fügen bei, daß auf den Elementen 2 und 3, Abb. 49, in Richtung senkrecht zur Bolzenachse der Druck der Schermesser während der Abscherung ruht. Alle Anzeichen sprechen dafür, daß dieser Druck, der bald nach Beginn der Abscherung die Quetschgrenze überschritt, die Trennung herbeiführte.

Wir kommen zum Schluß, daß bei der Abscherung durch Schermesser die Wirkung der Biegung verhältnismäßig gering ist, insbesondere wenn die Schermesser aus hartem Material bestehen. Wenn andere Autoren der Ansicht beipflichten, bei Nieten, die abgeschert werden, sei die biegende Wirkung maßgebend[9]), so fällt stark in Betracht, ob zwischen Nietschäften und Lochwänden Spiel vorhanden und ob das Material leicht verformbar ist. Bei unsern Versuchen waren die Bolzen mit nur wenig Spiel in die Löcher der Schermesser eingepaßt.

III. Einige Explosionen von Zellstoffkochern und Folgerungen daraus.

12. Explosion eines Zellstoffkochers in Lancey (Frankreich) 1927.

Am 24. Dezember 1927 explodierte in einer Papierfabrik in Lancey bei Grenoble (Frankreich) ein Zellstoffkocher von 4,5 m Durchmesser der Blechschale, 9,53 m ganzer Länge und 21 mm Blechdicke. Rauminhalt der Schale 123 m³, nach der Ausmauerung 98 m³, höchster zulässiger Druck (timbre du lessiveur) 5 at. Der Kocher ist im Jahr 1907 hergestellt worden; die Bleche wurden unter Verwendung einseitiger Laschen durch Nietung miteinander verbunden, die Laschendicke ist gemäß Abb. 55 22 mm. Durch die Explosion wurden elf Arbeiter teils getötet, teils verletzt; der Sachschaden war ganz erheblich. Im Auftrag der französischen Regierung untersuchte Hr. M. Jarlier, Oberingenieur des Minendistriktes Lyon, die Ursachen der Explosion. Der äußerst eingehende Bericht ist erschienen (Annales des Mines 1930, Dunod, Paris), er umfaßt zwei Broschüren, insgesamt 247 Seiten. Ein Auszug davon findet sich im Bulletin des Associations françaises de propriétaires d'appareils à vapeur, N° 42, oct. 1930 (Verlag Ch. Béranger, rue des Saints-Pères, Paris).

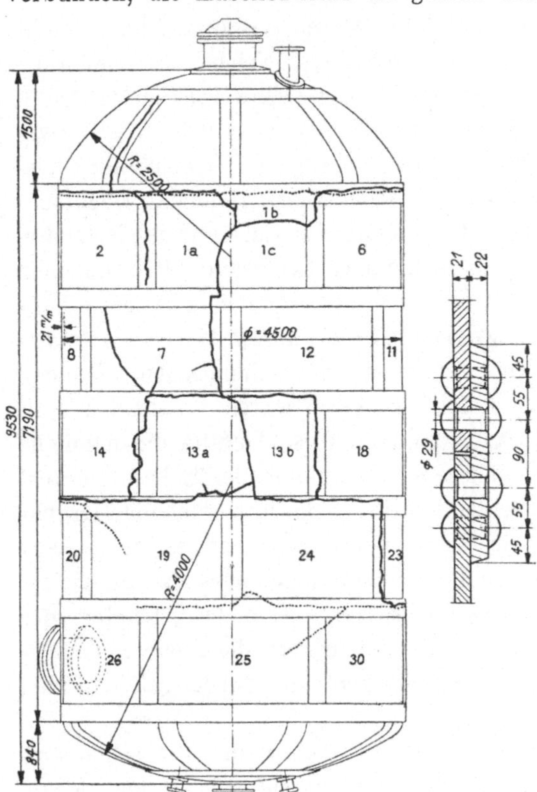

Abb. 54. Explodierter Zellstoffkocher der Fabrik in Lancey.

Abb. 55. Laschenkonstruktion.

Abb. 54 zeigt die äußere Form des Kochers und den Verlauf der Bruchlinien.

Die Explosion erfolgte in normalem Betrieb bei 3,1 at, also nicht bei vollem Betriebsdruck (der an einer Stelle mit 4 at angegeben wird), 6 bis 7 Stunden nach Beginn des Dampfeinlasses. Der Bericht stellt fest, daß in der Wartung keine Fehler unterlaufen sind. Gefährliche Anfressungen wurden nicht festgestellt. Es wird angenommen, die Explosion sei durch den Bruch einer Rundlasche im zylindrischen Teil (Angabe im Text $\dfrac{7/12}{13}$, siehe Abb. 54) herbeigeführt worden. Ausnahmsweise wies das Material dieser Lasche bloß 8 % Dehnung auf, bei normaler Streckgrenze. Die Kerbzähigkeit war bei verschiedenen Blechen gering, das Material war von verschiedener Eignung. Die Nietlöcher waren gestanzt. Hr. J. sucht in der Statistik nach den schwersten Explosionen von Zellstoffkochern und erwähnt die folgenden: Perlen (Schweiz) Februar 1886, Podgora (österreichische Monarchie) November 1901, Watertown (Vereinigte Staaten) Januar 1903, Kelheim (Deutschland) Dezember 1910, Grand-Mère (Canada) Ende 1912, Heidenau (Deutschland) April 1926. (Bei Perlen handelte es sich nur um schwere, plötzlich entstandene Bruchschäden, ohne Explosion. Wir kommen im Kap. 14 darauf zurück). Hr. J. stellt fest, daß alle diese Explosionen im Winter oder wenigstens bei kalter Witterung stattgefunden haben. Die Blechmäntel wiesen keine innern Anfressungen auf; Überschreitungen des Betriebsdruckes waren in keinem Fall feststellbar. Er schließt daraus, daß alle diese Unfälle die nämliche Ursache haben: die durch äussere Abkühlung der Schale hervorgebrachte Schrumpfung derselben und die dadurch entstehende Druckwirkung des Futters auf die Schale (er folgt, ohne es anzugeben, hierin der Auffassung des ehemaligen Oberingenieurs des Schweizerischen Vereins von Dampfkessel-Besitzern, Hrn. Dr. Strupler, der die Schäden am Zellstoffkocher in Perlen auf die niedere Temperatur und den Durchzug im Kochergebäude zurückgeführt hat; Jahresbericht des S. V. D., 1887).

Hiezu möchten wir noch bemerken, daß in der Tat schon einfache Überlegungen zeigen, welch große Spannungen in der Schale eines solchen Hohlkörpers schon bei geringem Temperaturunterschied entstehen. Wir kommen hierauf im Kap. 16 zurück.

Beachtenswert ist die Feststellung von Hrn. J., daß bei der Wasserdruckprobe das Mauerwerk fast $^2/_3$ der Spannungen aushält und der Mantel dabei bloß mit ca. $^1/_3$ beansprucht ist. Hr. J. spricht davon, daß das Mauerwerk im Lauf der Zeit Stoffe aus dem Kocherinhalt in sich aufnimmt, was die Veranlassung einer Schwellung des Mauerwerks gibt. Diese Ausführungen sind noch nachzuprüfen.

Als Ergebnis der Untersuchungen tritt Hr. J. mit einigen Forderungen hervor; er stellt voran, daß die Schalen der Zellstoffkocher gegen äußere Abkühlung so gut als möglich geschützt werden müssen. Um die Besitzer von Zellstoffkochern für diese Maßnahme zu gewinnen, weist er darauf hin, daß durch die Wirkung eines solchen Wärmeschutzes der Dampfverbrauch bei den Kochungen nicht unerheblich vermindert werden kann.

Hinsichtlich der Konstruktion der Zellstoffkocher läßt Hr. J. einseitige Laschen nur noch bei Rundnähten zu und verlangt unumgänglich die Anwendung von Doppellaschen bei Längsnähten. Man wird dieses Begehren erneut prüfen müssen.

Für die Ausbesserung von Rissen und ausgefressenen Stellen im Mantelblech will Hr. J. die autogene und elektrische Schweißung nicht mehr zulassen; er verlangt, daß Flickbleche aufgenietet werden. Hingegen würde er für den Bau neuer Kocher die Wassergasschweißung zulassen; für die Ausführung sind jedoch nur erfahrene Firmen zuzuziehen. Er verwirft gänzlich die überlappt genieteten Nähte mit den unvermeidlichen ausgeschärften Blechenden, diese lehnt er auch bei der Laschenkonstruktion ab. Gute Nietung wird verlangt. Die Sicherheit muß gegen Bruch genügend groß sein, was bei genügender Dicke von Blechen und Laschen erreichbar ist.

Hr. J. empfiehlt, das Mauerwerk so dünn als möglich zu gestalten, jedoch so, daß die Schale von der Lauge noch genügend sicher abgeschlossen ist. Hinsichtlich des Betriebes wird gewünscht, daß das Anwärmen langsam vor sich geht (leider werden keine Fristen genannt).

Hr. J. machte Versuche mit Dehnungsmessern (Manet-Rabut), welche auf der Aussenseite der Schale angebracht wurden. Damit können die Dehnungen der Schale jederzeit kontrolliert werden. Überschreiten die abgelesenen Dehnungswerte diejenigen, die der Schale bei gewissem Innendruck dem Elastizitätsgesetz zufolge zukommen (vgl. Gl. 1), Seite 4), so ist darauf zu schliessen, daß das Futter Druckwirkungen auf die Schale ausübt.

Diese Untersuchungen französischer Ingenieure sind von bedeutendem Wert für den Fortschritt im Bau und im Betrieb von Zellstoffkochern.

13. Explosion eines Zellstoffkochers in Heidenau in Sachsen 1926.

Am 7. April 1926 explodierte in Heidenau in Sachsen ein Zellstoffkocher mit einem Durchmesser von 4,6 m, einer Länge von rd. 13 m, einer Wanddicke des Bleches in der Zylinderschale von 21,5 mm, in den Böden von 23,0 mm. Die Längs- und Rundnähte waren zweireihig überlappt genietet. Der Betriebsdruck war 4 at. Die Beschreibung der Explosion findet sich in der Zeitschrift des bayer. Revisionsvereins 1927. Der Zellstoffkocher ist im Jahre 1900 erstellt worden.

Die Explosion hat 13 Menschen das Leben gekostet, viele wurden verwundet. Der Sachschaden war auch hier ganz erheblich, denn es waren noch fünf weitere Kocher in der Nachbarschaft des explodierten aufgestellt, welche nicht wieder in Betrieb genommen werden konnten.

Der Kocher hatte während ein paar Tagen kalt gestanden, er explodierte bei der nächsten Benützung $4\,^1/_2$ Stunden nach Beginn des Dampfeinlasses bei einem Druck von 3,7 at. Wir haben hier den Fall, daß das Mantelblech auf die Temperatur des äußern Raumes abgekühlt war, während die gemauerte Auskleidung sich bei der Inbetriebsetzung infolge der Temperaturzunahme dehnte. Der Kocher ist über 7 Mantelschüsse aufgerissen; unbeschädigt sind nur die vordern Schüsse. Ein Teil des Kochers mit seinem Stirnboden wurde vollständig abgerissen und fortgeschleudert, was darauf schliessen läßt, daß einige Rundnähte zuerst brachen. Die Zugfestigkeit der eingelieferten Probestäbe war verschieden; die geringste 3269 kg/cm^2, die höchste 4515 kg/cm^2, die Bruchdehnung entsprach mit geringen Abweichungen den Vorschriften. Bei Stäben, welche nahe an den Nietlöchern entnommen wurden, ging die Bruchdehnung herunter, bei einem Stab bis auf 12,2 %. Die Kerbzähigkeit bewegte sich zwischen 2 und 13,3 mkg/cm^2. Die Nietlöcher waren gestanzt, sie wurden vom Nietschaft-Material nicht vollständig ausgefüllt und die Nietlöcher waren stellenweise gegeneinander versetzt. Die Vernietung ließ also sehr zu wünschen übrig; zur Hauptsache waren es auch die Nietnähte, welche bei der Explosion gebrochen sind. Daher werden die Ursachen des Unfalles von maßgebender Seite auf das Verhalten der Nietverbindungen, die den Anforderungen der wechselnden Betriebsbeanspruchungen auf die Dauer nicht widerstehen konnten, zurückgeführt.

14. Die Brüche am Zellstoffkocher in Perlen (Schweiz) 1886.

Wir möchten auf diesen Fall noch kurz zurückkommen, er ist im Jahresbericht 1887 des Schweizerischen Vereins von Dampfkessel-Besitzern beschrieben. Die Schale des liegenden Kochers hatte 4 m Durchmesser, die Länge war 12 m, die Blechdicke 14 mm, Dicke der Steinschicht 250 mm, Betriebsdruck 4 at. Die Längs- und Rundnähte waren überlappt genietet. Nach einem Stillstand in strenger Winterszeit wurde der Kocher wieder in Betrieb gesetzt. Kurz nach Beginn der ersten Kochung vernahm der Wärter starkes, knallendes Geräusch. Der Kocher war undicht geworden. Bei der Untersuchung zeigte sich das Blech an neun Stellen vollständig durchgerissen,

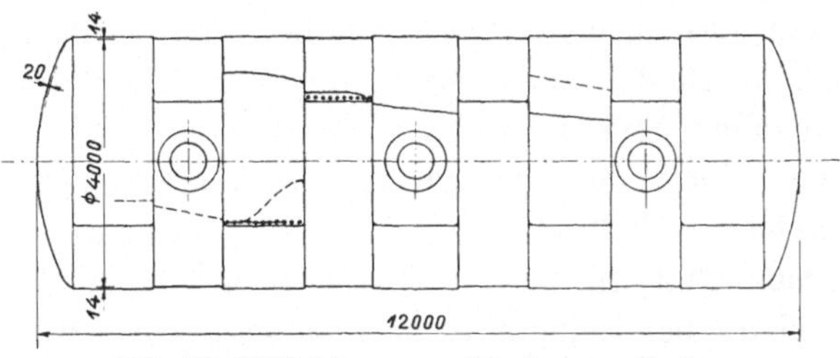

Abb. 56. Rißbildung am Kocher in Perlen.

wie in Abb. 56 angegeben. Der dritte Teil der Risse verlief durch Nietnähte, zwei Drittel derselben gingen durch das volle Blech. Alle Nietverbindungen hatten zudem gelitten, die Nieten waren verkrümmt und zum Teil durchgeschert. Das Blech bestand aus hartem Material mit 4700 bis 4800 kg/cm² Festigkeit und 24 bis 25 °/₀ Dehnung, angeblich Schweißeisen. Die Brüche sollen bei einem Druck von 1,3 at entstanden sein, also dem dritten Teil des Betriebsdruckes. Der Bericht sagt: „Es bleibt daher als Ursache der Zerstörung nichts anderes, als die Ausdehnung der sehr dicken Stein-, Zement- und Bleiausfütterung durch die Wärme bei relativ kalter Schale. Die Temperatur der äußern Luft und auch des Lokals war an genannten Tagen eine der niedrigsten des ganzen Winters. Nicht unerheblich mag dabei jedenfalls ein Aufquellen dieser Fütterung durch Aufsaugen von Lauge mitgewirkt haben und könnte dieser Grund unter Umständen sogar in erste Linie gestellt werden, da ja der Zement, der einen grossen Teil der Ausfütterung bildete, bekanntlich im Wasser wächst". Die Risse waren alle achsial gerichtet, also normal zur Richtung der größten Beanspruchung (Richtung der Ringtangente). Für die Rißbildung in den Schüssen mit größerm Durchmesser und für das Überspringen der engern Schüsse kann der Verfasser jenes Berichtes keine rechte Erklärung finden.

Es ist dem niedern Druck zuzuschreiben, daß der Kocher nicht explodiert ist. Es ist nicht unwahrscheinlich, daß die ungewöhnlich dicke Steinschicht einen Teil der Spannungen aufgenommen hat.

15. Bruchlinien bei explodierten Zellstoffkochern.

Viele der explodierten Kocher haben das Gemeinsame einer netzförmigen Bruchbildung. Nicht allein die Nähte, die schwächsten Stellen von aus Platten zusammengesetzten Hohlkörpern brechen, die Brüche gehen auch durch das volle Blech, die Bruchlinien verteilen sich scheinbar regellos über die Schale. Das kann mit Unregelmäßigkeiten in der Form des Mauerwerks zusammenhängen, örtliche Pressungen kommen dadurch zustande. Bei explodierten Dampfkesseln und Druckbehältern ist die Ursache der Explosion fast immer klar erkennbar, bei Zellstoffkochern in geringerm Maß.

16. Die Verhütung von Explosionen.

Wir wollen zum Schluß versuchen, die Maßnahmen festzustellen, die zur Verhütung der Explosion von Zellstoffkochern geeignet sind. Andeutungen hierüber sind zwar schon früher gemacht worden. Einige Ausführungen über

Gemauerte Kocherfutter

mögen vorausgeschickt werden. Die Steine bestehen aus hochgebranntem, säurefestem Chamotte. Das Mauerwerk kann aus zwei oder mehreren Steinschichten bestehen; die Steine haben beliebige Abmessungen, da jede Fabrik ihre besondern Wünsche hat, so daß jede Kombination möglich ist, z. B. werden die Kocher in einem uns bekannten Fall mit zwei Steinschichten ausgefüttert, wobei man bei der äußern an die Eisenschale anlehnende Schicht Steine von $150 \times 150 \times 20$ mm verwendet, gegen das Kocherinnere solche aus $200 \times 200 \times 60$ mm. Die Dicke des Futters ist in diesem Fall 120 mm. In einem andern Beispiel besteht das Mauerwerk aus zwei Schichten mit Steinen von $200 \times 200 \times 60$ mm und erreicht eine Dicke von 150 mm. Dünner als 80 mm wird das Futter nie gemacht.

Als Mörtel wählt man einen besondern säurefesten Zement, der mit Natronwasserglas angemacht wird[12]). Am besten haben sich solche Steine und Mörtel bewährt, die nur wenig Wasser aufnehmen. Hiezu bemerkt eine große deutsche Chamottefabrik[13]), daß die Kochersteine etwas Wasser aufnehmen können, da sie nicht vollständig gesintert sind. Wäre dies der Fall, so würden die Steine anderseits den verhältnismäßig schroffen Temperaturwechsel, dem sie beim Abblasen und Entleeren der Kocher ausgesetzt sind, nicht aushalten. Das Mauerwerk reichert sich auch mit Sulfitlauge und mit den in der Lauge feinst verteilten Zelluloseteilchen an. Die feinen Hohlräume setzen sich sehr rasch damit zu. Daß dadurch ein Aufquellen, d. h. eine Volumenvermehrung des Mauerwerks verursacht wird, konnte die betreffende Chamottefabrik nie feststellen (während Hr. Jarlier eine solche als möglich erachtet).

Früher wurde Bleiblech zwischen die Steinschicht und die Eisenhülle eingeschoben; dieses Verfahren hat man verlassen, das Blei war nie ganz zum Anliegen an die Eisenschale zu bringen.

Der Betrieb

der Zellstoffkocher kann zur Hauptsache in vier Zeitabschnitte eingeteilt werden:

1. Einfüllen der Späne und Zufluß der Lauge.
2. Kochung des Inhaltes durch Verwendung von Dampf, mit einem Überdruck von 3—5 at, entweder durch unmittelbares Einblasen von Dampf (Ritter-Kellner-Verfahren) oder durch indirekte Anwärmung mit Rohrschlangen (Mitscherlich-Verfahren).
3. Abgasen, d. h. wiederholtes Abblasen der überschüssigen SO_2-Gase (die wieder verwendet werden).
4. Abkühlung des Kocherinhaltes und Ausstoßen desselben.

Für ein bestimmtes Beispiel (Mitscherlich-Verfahren) sind die Phasen im Temperaturdiagramm Abb. 57 S. 76 erkennbar[14]). Die mit 1 bezeichnete Linie entspricht der Temperatur im Kocherinnern, durch ein selbstschreibendes Thermometer aufgezeichnet, Linie 2 ist die Temperatur des Futters, ermittelt an Thermometern, deren Queck-

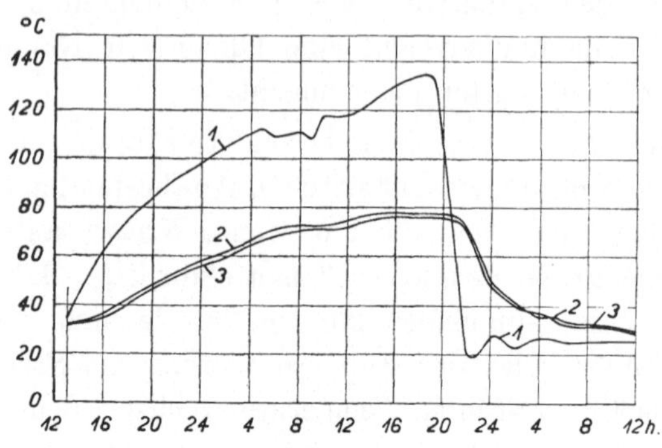

Abb. 57. Bei der Zellstoffkochung vorkommende
Temperaturen.

1 Inneres.   2 Futter.   3 Eisenschale.

silber - Aufnehmer von der Eisenschale her durch Löcher hindurch in das Futter hineingeschoben wurden, wobei die Aufnehmer 16—22 mm in die Steinschicht versenkt werden konnten. Linie 3 bedeutet die Temperatur der Eisenhülle des Kochers, abgelesen an Thermometern, die außen aufgelegt wurden und die man mit einem Wärmeschutz gegen die Abkühlung durch Luft umgab. Die Thermometer waren auf drei verschiedene Lagen hinsichtlich der Kocherhöhe verteilt. Für die Darstellung in Abb. 57 wählte man die höchsten Werte, die niedrigsten sind hinsichtlich des Futters bis 4 °C, hinsichtlich der Eisenhülle bis 7 °C geringer. Das Futter des betreffenden Kochers ist 12,0 cm dick, die Temperatur der Aussenluft 25 °C.

Die Dauer der Kocherbenützung hängt in erster Linie vom Verfahren ab. Für die direkte Kochung (Verfahren Ritter-Kellner) ist die Dauer eines Umschlags mindestens 12 Stunden, in der Regel 14—18 Stunden, bei der indirekten Kochung (Mitscherlich-Verfahren) ist die Dauer länger, eine uns bekannte Fabrik hat Umschlagszeiten von rd. 40 Stunden. Bei einer 14—18 stündigen Benützungszeit dauert die eigentliche Kochung 8—12 Stunden, bei einer 40 stündigen rd. 16 Stunden; für diesen Fall läßt sich dies aus dem Verlauf der Linie 1 (Abb. 57) erkennen. Nach der Kochung wird die Lauge abgelassen und es erfolgt in der betr. Fabrik (Mitscherlich-Kochung gemäß Abb. 57) eine viermalige Wässerung, zuerst mit warmem und dann mit kaltem Wasser, die Dauer der auf diese Art vorgenommenen Abkühlung ist 3 St. Die Temperatur im Innern sinkt in unserm Beispiel (Abb. 57) von 135° auf rd. 30° C.

Der Temperatur des Inhaltes folgt diejenige des Mauerwerks mit einer gewissen Verspätung. Der Unterschied zwischen beiden Temperaturen ist gemäß der Abb. 57 im Augenblick der Abkühlung 55—60° C, vor der Abkühlung ist der Kocherinhalt um diese Temperatur wärmer als die Steinschicht, unmittelbar nachher um ebenso viel kühler.

Die Dehnungsverhältnisse.

Hinsichtlich der Sicherheit der Kocher ist der Temperaturverlauf im Mauerwerk einerseits, in der Eisenschale anderseits von größter Wichtigkeit. Gemäß den in Abb. 57 mit 2 und 3 bezeichneten Linien verlaufen die betr. Temperaturen mit nur geringem Unterschied. Vor der Abkühlung ist der Eisenmantel kühler als das Mauerwerk, nach der Abkühlung wärmer. Der Unterschied macht hinsichtlich der gemessenen Stellen, so gut wir dies ermitteln konnten, bis 7° C aus. Die Geringfügigkeit dieses Unterschiedes wirkt beruhigend. Erhebliche Temperaturunterschiede von Steinschicht und Schale müßten entsprechende Unterschiede in der Dehnung hervorrufen. Die lineare Ausdehnungszahl des Eisens ist für 1° C und 1 m Meßlänge 0,011 (1,1 mm für 100° C und 1 m), diejenige für das Steinmaterial der Auskleidung wird sehr verschieden angegeben, sie ist nach Jarlier 0,009; in der technischen Literatur sind Werte von 0,006 für Silikatsteine enthalten und eine bekannte Chamottefabrik gibt uns 0,001 bei 200° C an[15]). Bei einem Temperaturunterschied von beispielweise 100° C ergeben sich für die Eisenschale eines Kochers von 4,5 m innerm Durchmesser und 12 m Länge Dehnungsänderungen

<table>
<tr><td align="center">im Durchmesser</td><td align="center">in der Länge</td></tr>
<tr><td align="center">$100 \cdot 4,5 \cdot 0,011$</td><td align="center">$100 \cdot 12 \cdot 0,011$</td></tr>
<tr><td align="center">$\backsim 5$ mm</td><td align="center">$\backsim 13,2$ mm</td></tr>
</table>

Im Hinblick auf die verschiedenen und von uns nicht näher kontrollierten Angaben über die lineare Dehnung der Kochersteine verzichten wir darauf, auch für das Kocherfutter Dehnungsänderungen anzugeben. Wie jedermann sieht, müssen erhebliche Unterschiede in der Ausdehnung des Eisenmantels und des Futters bei gleicher Temperaturdifferenz bestehen.

Zu dieser Wärmedehnung kommt die durch den Innendruck hervorgebrachte elastische Dehnung, sie ist bei obigen Verhältnissen und einem Druck von 5 at im Eisenmantel gemäß dem Hook'schen Gesetz (vgl. Gl. 1), S. 4) von der Größenordnung

$$\begin{array}{cc} \text{im Durchmesser} & \text{in der Länge} \\ 0{,}95 \text{ mm} & 0{,}6 \text{ mm} \end{array}$$

Wir beschränken uns hinsichtlich der letzten Angaben auf den Eisenmantel. Obwohl nach Jarlier die Auskleidung bzw. das Mauerwerk einen Teil der Wirkung des Innendrucks übernimmt, so entspricht es doch allgemeiner Annahme, der wir beipflichten, daß Mauerwerk keine Zugspannungen aufzunehmen imstande sei. Für die Gesamtdehnungen superponieren sich elastische und Wärmedehnungen. Der Wert der elastischen Dehnungen ist hinsichtlich des Durchmessers etwas größer als hinsichtlich der Länge, die elastischen Dehnungen gleichen daher bei der Superposition die Wärmedehnungen etwas aus. Weil die Ausdehnungszahlen der Chamotte sehr verschieden sein können, beschränken wir uns darauf, auf das Grundsätzliche hinzuweisen, daß sich, wie oben angedeutet, Eisenhülle und Futtermauerwerk verschieden dehnen. Weil der Innendruck die Gesamtdehnungen etwas ausgleicht, macht sich der Unterschied der Dehnungen von Eisenschale und Mauerwerk, sei es im Sinn des Durchmessers, sei es in der Längsrichtung in drucklosem Zustand, d. h. bei der Anwärmung und bei der Abkühlung am stärksten geltend. Es muß beigefügt werden, daß unseres Wissens der Dehnungsunterschied praktisch nie so groß wird, daß das Mauerwerk im Betriebe sich von der Schale trennen würde, so daß sogar ein Auseinanderklaffen stattfindet (offenbar bleiben die Temperaturunterschiede in entsprechend geringen Grenzen). Im Gegenteil haftet das Mauerwerk so fest am Eisenblech, daß dasselbe, will man es erneuern, mit dem Stemmeisen gelöst werden muß.

Wird der Temperaturunterschied so groß, daß der Dehnungsunterschied praktische Bedeutung annimmt, so ist dieser Unterschied für die Eisenschale nicht gefährlich, so lange ihre Temperatur höher ist als die des Mauerwerks; immerhin können durch diesen Zustand Risse im Futter verursacht werden. Gefährdet ist die Schale jedoch, sobald sie eine geringere Temperatur aufweist als das Futter. Infolge geringerer Dehnung entsteht dann eine Druckwirkung des Futters auf die Eisenhülle; weder diese noch das Mauerfutter haben so viel Elastizität, der Druckwirkung federnd nachzugeben[16]). Dann müssen unter Umständen unberechenbare Spannungen in der Schale wachgerufen werden. Offenbar liegen hierin die Ursachen der Explosion vieler Zellstoffkocher. Insbesondere lassen die Brüche der Rundlaschen der Kocher in Lancey und Heidenau hierauf schließen. Die Brüche des Kochers in Perlen erfolgten unter den nämlichen Umständen.

Es ist somit von allergrößter Bedeutung (dies wurde schon von frühern Autoren hervorgehoben), daß der Temperaturunterschied zwischen Steinschicht und Eisenhülle innerhalb möglichst geringer Grenze bleibt. Es kann der Kocherschale verderblich werden, wenn sie außergewöhnlichen Einflüssen der Abkühlung ausgesetzt wird. Aus diesem Grund dürfen die Kocher auch nur langsam angewärmt werden, bei jeder Kocherbenützung und hauptsächlich bei der Inbetriebsetzung nach einem Stillstand. Obwohl die Temperaturlinien 1--3 der Abb. 57 14 Stunden nach der Abkühlung auf rd. 30 $^\circ$ C angelangt sind, so ist doch bei einer gewöhnlichen Kocherbenützung im Mauerwerk immer noch Wärme immanent, der Temperaturunterschied wird entsprechend geringer. Ist aber der Kocher außer Betrieb und gänzlich ausgekühlt, so muß die Wieder-Anwärmung um so vorsichtiger bezw. um so langsamer erfolgen. Eine uns bekannte Zellstoffabrik dehnt die erste Kocherbenützung auf 5×24 St. $= 120$ St. aus, die dreifache Zeit der normalen, dabei dauert die Anwärmung zur Kochung 92 St. Rasches Anwärmen, dies sei wiederholt, ist für die Kocherschale verderblich.

Der Wärmeschutz.

Zur Verhütung außergewöhnlicher Abkühlung durch Luftzug usw. ist ein guter Wärmeschutz zweckdienlich. Unter den vielen Ausführungen, die hiefür möglich sind, wollen wir zwei erwähnen.

Die eine Ausführung besteht darin, die Kocherschale mit einem aus Korkplatten bestehenden Mantel zu umgeben; dieser kann z. B. 8 cm dick gemacht werden. Zwischen Korkmantel und Eisenschale läßt man einen Raum frei, z. B. 35—40 cm, die Kocherschale ist dann von aussen her zugänglich. Die wärmedichte Masse kann auch unmittelbar über dem Eisenblech aufgetragen werden. Wir wollen ein Beispiel, das in seiner Art zweckdienlich erscheint,

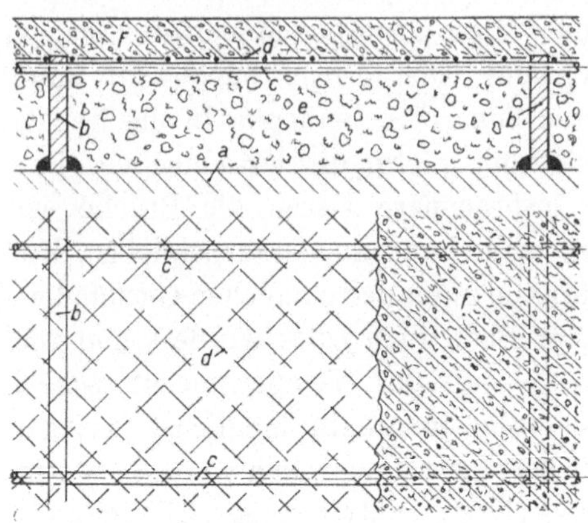

beschreiben. Zuerst wird ein Rahmen aus Stehblechen b (Abb. 58) auf die Schale aufgebracht, womit diese in Quadrate von rd. 25 cm eingeteilt wird. Die entstehenden Hohlräume füllt man mit Schlackenwolle in 6 cm Schichthöhe aus. Das Ganze wird mit einem Drahtgitter d, das an den Rahmen b und Querstäbe c befestigt wird, abgeschlossen. Über dem Drahtgitter liegt eine

Abb. 58. Wärmeschutz für Kochermäntel.

das Ganze umfassende 2 cm dicke Betonschicht f. An Stellen, die für die Überwachung zugänglich sein müssen, werden Rahmen und Gitter an die äußern Betonplatten befestigt und diese zum Wegnehmen eingerichtet[17]).

Die Wirkung dieses Schutzes ist ganz erheblich, dem Verfasser wurde angegeben, daß in einem Fall der Wärmeverlust von rd. 600 kcal/m²/h vor der Aufbringung auf 38 kcal/m²/h zurückgegangen sei (die Angabe konnte nicht geprüft werden).

Die Konstruktion der Zellstoffkocher.

a) Genietete Kocherschalen.

Im Abschnitt I tritt der Verfasser dafür ein, daß die Laschen von Zellstoffkochern künftig zur Erhöhung der Sicherheit dicker gemacht werden. Bei dem in Lancey explodierten Zellstoffkocher war das Blech gemäß Abb. 55, S. 69, 21 mm dick, die einseitig aufgenieteten Laschen hatten eine Dicke von bloß 22 mm. Es ist sicher, daß die Laschen schon bei der ersten Druckprobe bleibend durchgebogen wurden, hiezu hätte ein Druck genügt, der weit geringer als der Probedruck und auch der Betriebsdruck gewesen wäre.

Im Abschnitt I (Seite 3—58) wurde zur Hauptsache die Festigkeit der L ä n g s l a s c h e n behandelt. Durch die Ueberlegungen über die Wärmedehnung und durch die Beobachtung der Bruchbildung (siehe Kap. 15) bei aufgeplatzten Zellstoffkochern sind wir imstande, die Anforderungen, die an die R u n d l a s c h e n gestellt werden, besser als bisher zu beurteilen. Bei Kesseln und Behältern ist die Spannung in Achsrichtung die Hälfte derjenigen im Sinne der Ringtangente, man beachte Gl. 2), S. 4. Nach diesem Gesetz richtet sich auch in üblicher Weise die Konstruktion der Laschen. Bei Zellstoffkochern dagegen besteht außer der Wirkung des Innendrucks noch diejenige des Mauerwerkes. Die Unterschiede in der Dehnung von Kocherschale und Steinschicht sind absolut genommen größer in Achsrichtung als in Richtung des Durchmessers, die Rundlaschen werden entsprechend stärker beansprucht. Dies ergibt die Notwendigkeit, die Rundlaschen künftig nicht zu knapp zu bemessen (wir befinden uns damit in einem gewissen Gegensatz zu Hrn. Jarlier, nach dessen Ansicht die Rundlaschen einseitig aufgebracht werden dürfen, wogegen er bei den Längsnähten eine Doppellaschenkonstruktion verlangt).

Die Sicherheit der Zellstoffkocher wird ganz wesentlich verbessert, wenn die Laschen künftig doppelseitig aufgebracht werden. Die Andeutung des Hrn. Jarlier, man könnte auf der Innenseite der Kocherschale die Stufe, die durch die innere Lasche entsteht, durch eine besondere Stein- oder Mörtelschicht ausgleichen, ist beachtenswert. Auch in diesem Falle müßten die Steine, die zur Ausmauerung dienen, nicht angeschnitten, sondern können in ganzer Form verwendet werden, wie dies der Fall ist, wenn die Kocherlaschen bloß außen aufgebracht werden. Die Verminderung des Innenraums eines Kochers ist unbedeutend, dieser Verlust steht in keinem Verhältnis zum Gewinn, der auf anderer Seite durch vermehrte Sicherheit entsteht.

b) G e s c h w e i ß t e Z e l l s t o f f k o c h e r.

Zwischen einer geschweißten und einer nahtlosen Schale von nämlichen Abmessungen besteht mit Bezug auf elastische Dehnungen kein Unterschied. Die Dehnungen gehorchen dem Hook'schen Gesetz. Dagegen sind genietete Verbindungen weniger starr als geschweißte; die Bleche können sich in den Nähten relativ etwas verschieben, wenn auch nur sehr wenig, soweit bis die Nietschäfte an den Lochwänden anliegen. Die Festigkeit nimmt noch nicht in bedenklicher Weise ab, wenn auch die Nieten verbogen werden, oder die Abscherung in den ersten Spuren beginnt. Eine gewisse Nachgiebigkeit ist gerade im Fall der Zellstoffkocher, deren Wände unkontrollierbare Spannungen erleiden können, wertvoll. Mit der Zeit wird die erhöhte Sicherheit, die mit der Nachgiebigkeit einer Nietenverbindung zusammenhängt, zwar erschöpft.

Werden die Zellstoffkocher genietet und die Laschenränder gleichzeitig geschweißt, so werden die Dehnungsverhältnisse, wie wir im Abschnitt I nachgewiesen haben, ähnlich wie bei gänzlich geschweißten Kocherschalen.

Fußnoten.

[1]) Dem 61. Jahresbericht 1929 des Schweizerischen Vereins von Dampf-kessel-Besitzern entnommen.

[2]) Die Messungen sind an der Eidg. Materialprüfungsanstalt unter der Direktion von Herrn Prof. Dr. Roš durch die Herren Dr. Th. Wyß und Theiler ausgeführt worden. Für die exakte Durchführung sind wir allen diesen Herren zu Dank verpflichtet.

[3]) Höhn: «Nieten und Schweißen der Dampfkessel» (Berlin, Julius Springer).

[4]) Es darf wohl bemerkt werden, daß bei den vielen Autoren, die sich mit Versuchen über das Wesen und die Festigkeit der Nietverbindungen befaßt haben, die Feststellungen hie und da zu Ergebnissen von beschränk-tem Wert geführt haben.

[5]) Wir haben seinerzeit nachgewiesen, daß bei einem Stab mit je drei Nieten für jede Hälfte, in einer Reihe angeordnet, durch die erste (äußerste) Niete 77 %, durch die mittlere 7—8 %, durch die dritte (gegen die Blech-fuge) 15 % der Kraft vom Blech an Doppellaschen übertragen wird.

[6]) Höhn: «Festigkeit elektrisch geschweißter Hohlkörper» und «Nieten und Schweißen der Dampfkessel».

[7]) Die Ableitung aus der Differentialgleichung $EJ \dfrac{d^2 y}{d x^2} = \pm M$ ist für diesen Fall bekannt und in der Hütte «Zusammengesetzte Festigkeit» angegeben. Ich bin hierauf von Herrn Dr. F. Dubois, Schaffhausen, dem ich auch die angegebene Reihenentwicklung verdanke, aufmerksam ge-macht worden. Eine eigene Näherungsformel wurde infolgedessen fallen-gelassen.

[8]) Vergl. «Nieten und Schweißen der Dampfkessel», S. 134.

[9]) Prof. Bach hat Versuche mit kleinen Zylindern aus Gußeisen vor-genommen, beschrieben in seinem Werk: «Elastizität und Festigkeit».

[10]) Die Kupferstangen sind uns in anerkennenswerter Weise von den Schweizerischen Metallwerken, Selve & Co., Thun, kostenlos geliefert worden.

[11]) Dieser Fall ist von Hrn. Dr. Wyß behandelt worden; man vergleiche die Forschungsarbeit auf dem Gebiet des Ingenieurwesens Nr. 262, B e i -t r a g z u r S p a n n u n g s u n t e r s u c h u n g a n K n o t e n b l e c h e n e i s e r n e r F a c h w e r k e , VDI-Verlag.

[12]) Diese Zemente werden teils aus Norwegen, teils aus Deutschland bezogen.

[13]) Für verschiedene Mitteilungen über das Steinmaterial, namentlich über die Aufnahme von Feuchtigkeit durch die Kochersteine, sind wir dem Thonwerk Biebrich A.-G., Schamottefabrik, in Wiesbaden-Biebrich (Rhein), verbunden.

[14]) Die Cellulosefabrik Attisholz A-G., vormals Dr. B. Sieber, in Attisholz (Solothurn), ermächtigt uns, diese Aufzeichnungen zu veröffentlichen. Wir sind dieser Firma hiefür und für die Unterstützung, die sie uns auch sonst bei dieser Arbeit zuteil werden ließ, verbunden.

[15]) Die Angabe des Wertes von 0,001 für die Ausdehnungszahl verdanken wir dem Thonwerk Biebrich. Die Abweichung der verschiedenen Angaben von einander ist auffallend. Leider reichte wegen der Drucklegung des Jahresberichtes die Zeit nicht mehr aus, näher auf die Sache einzutreten, wir müssen uns mit der Wiedergabe begnügen.

[16]) Das Problem der Lastverteilung zwischen verschiedenen kreisförmigen Hüllen, welche nicht die gleichen elastischen Eigenschaften besitzen, ist in der Literatur schon früher untersucht worden, Lastverteilungsformeln sind unter andern auch für Stollenverkleidungen angegeben worden, vgl. Schweiz. Bauzeitung 1921 u. a. In unserm Fall der Zellstoffkocher erübrigt sich die Anwendung einer verfeinerten Rechnungsmethode für die Ermittelung der Spannungen, weil die verschiedensten Einflüsse, die diese mitbestimmen, unbekannt sind, es sind dies u. a. die zu beliebiger Zeit vorliegenden Temperaturverhältnisse von Eisenwand und Steinschicht, der Anteil an der Aufnahme von Zugspannungen durch diese, usw.

[17]) Diese Art von Wärmeschutz wird von der Firma Isolfeu, Paris IXe, hergestellt. — Eine dritte Art, die Wände der Zellulosekocher außen zu schützen, ist in «Wärme» 1931, S. 188, beschrieben. In diesem Aufsatz wird «Heraklith» zur Verwendung empfohlen. Heraklith ist eine zu diesem Zweck mit Lauge und Magnesia behandelte Holzwolle, aus welcher Formplatten hergestellt werden.